渔船

安全检验实用图册

浙江省海洋渔业船舶交易服务中心 编

郑阿钦 主编

中国农业出版社

北 京

编写人员名单

主　　编　郑阿钦

副 主 编　李永生　周　卫

参编人员　涂昌剑　陈振城　胡国强　潘俞辰

　　　　　王忆遨　颜小鹏　蒋擎宇　毛琳琪

　　　　　陈青晔　钱祖辉　张孙辉

渔业安全生产须知

1. 渔船必须严格按规定配齐救生、消防设备；

2. 渔船出航前必须认真进行检修，确保航行安全；

3. 为了全体船员的生命安全，请不要冒险出航作业；

4. 严格执行渔船船员持证上岗制度；

5. 渔船出航作业要密切关注天气变化，密切关注气象预警信息；

6. 船东船长对渔船安全生产负全面责任；

7. 渔船驾驶人员必须要保持正规值班瞭望；

8. 一船遇险遇难，众船互援互救；

9. 渔船必须按规定配齐职务船员；

10. 严禁渔船"带病"出航作业生产；

11. 船东船长是安全生产第一责任人；

12. 渔船收到大风警报，务必及时返港避风；

13. 严禁"三无"船舶从事渔业生产；

14. 渔船船员在水上生产作业须穿救生衣；

15. 严禁渔船超航区、超抗风等级航行作业；

16. 严禁渔船从事非法载客运输作业；

17. 自觉遵守安全法规，严格遵守操作规程；

18. 遵章是平安的保险，违规是灾祸的开端；

19. 认真开展安全检查，彻底清除事故隐患；

20. 渔业生产，安全第一。

坚决遏制渔业生产安全事故，确保渔民生命财产安全。

浙江省海洋渔业船舶交易服务中心成立于2010年3月，是民办非企业单位，业务主管单位为浙江省农业农村厅。本单位作为原农业部在浙江省率先进行渔船交易服务的试点单位，也是全国首家渔船交易公共平台。

　　与此同时，自2015年开始，中心积极参与温岭渔船检验改革试点工作；2016年6月试点工作获得原渔业船舶检验局批复，并得到部、省局领导充分肯定。2017年，正式以第三方检验机构的身份独立开展检验工作。自2016年以来，中心分别在温岭、三门、临海、嵊泗、瑞安等地开展检验及安全隐患排查工作。其中，温岭地区（2016—2021年）完成渔船营运检验11 381艘；三门地区（2021年）完成渔船营运检验558艘；临海地区（2021年）完成渔船营运检验721艘；嵊泗地区（2021年）完成渔船营运检验584艘；瑞安地区（2020—2021年）完成渔船专业性隐患排查422艘、渔船营运检验259艘。

　　中心以第三方检验机构的身份参与改革试点工作，使试点地区"船多人少"的问题得到了有效缓解，提升了渔船检验质量，提高了渔船检验效率，保障了渔业安全生产，得到各级主管部门的充分肯定。

中心简介

为贯彻落实渔业安全风险防控工作，深化安全警示教育，响应水上安全宣传教育"五进"活动，着力加强安全培训辅助建设，提高渔民群众的安全意识以及防范风险能力，浙江省海洋渔业船舶交易服务中心对历年的渔船检验数据进行统计和分析，将检验过程中发现的常见问题进行整理汇总，以图文结合的形式将渔船存在的问题以及整改标准、处理办法编制成《渔船安全检验实用图册》，以供渔民参考，让渔民认识自身渔船的安全状况，并自主消除安全隐患。

《渔船安全检验实用图册》包括船体、机电、救生设备、消防设备、防火、渔捞设备、防污染设备、信号设备、航行设备、无线电设备、渔船应急处置等内容。希望渔民在今后的渔船维护保养过程中特别注意，以避免和消除类似问题。

各地相关部门按本图册进行检验时，除遵守本图册有关要求外，还应符合相关法律法规、标准规范和规范性文件要求，若当地相关标准高于此图册指标要求时，应以地方标准为准。

编　者

2022年1月

前言

前言

目录

一、船体 ⚓

1.船名和船籍港

①捕捞船用"渔"。

②渔业运输船用"渔运"。

③渔业冷藏船用"渔冷"。

④供油船用"渔油"。

⑤供水船用"渔水"。

⑥养殖船用"渔养"。

⑦渔业指导船用"渔指"。

　　船名和船籍港名称的标写颜色为黑底白字，如果船体漆的颜色与白色反差较大，也可以以船体漆的颜色为底色。标写字体均为仿宋体，字迹必须工整、清晰。字体大小视船型而定，但船名字的字体尺寸不应小于300mm×300mm，船籍港的字的字体尺寸不应小于200mm×200mm。

2. 载重线

①甲板线、载重线圆环和与圆环有关的各条载重线。

②甲板线为长300mm、宽25mm的一条水平线。

③圆圈标志由外径300mm、宽25mm与长450mm、宽25mm的水平线组成。圆圈的中心位于船中处，水平线的上边缘通过圆圈的中心，圆圈的下半部涂满颜色。

④船舶检验机构的标识为字母ZC，勘划在载重线圆环两侧水平线的上方。每个字母的高度为115mm，宽度为75mm。

⑤标有F的线段的上边缘表示夏季淡水载重线，勘划在垂线的后方。

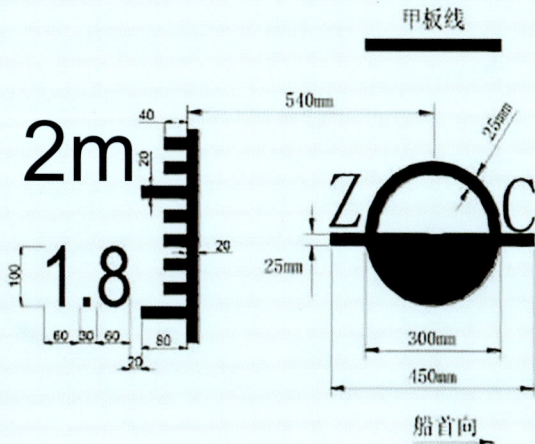

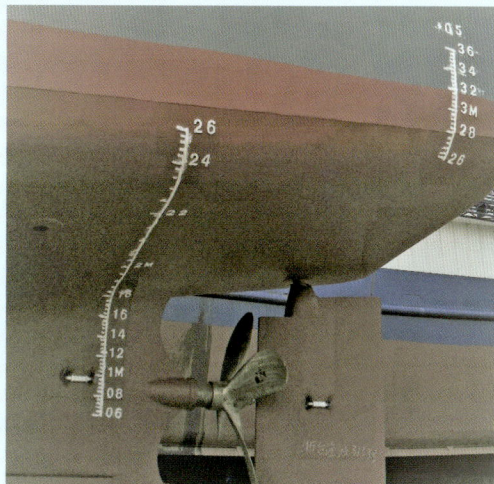

水尺标志由横标线、竖标线及数字组成：

①竖标线内缘为垂线位置，外缘在靠船端的一侧。

②若船中附近也勘划水尺标志，则内缘为垂线位置，外缘在靠船中的一侧。

③横标线在竖标线内缘一侧。

④水尺标志至少从实际空船吃水下面0.2m处勘划。

⑤数字标在横标线一侧，数字底缘与横标线的上缘持平，数字尺寸为100mm×60mm。

⑥竖标线根据船型不同可倾斜一定角度。

注释：

①水尺标志处船底部构件有低于龙骨线者，其超出尺寸，应在该水尺标志的上方用括号标示。

例如，附加的艉框底骨低于龙骨线0.5m，则在艉水尺标志的上方应加标志（+0.5m）。

②对于船长小于24m的船舶，水尺标志横标线的间距应不超过100mm。

4. 船名牌

错误

①船名牌未悬挂。

②船名牌未按要求制作。

③船名牌破损。

船名牌制作要求如下：

①字为蓝底白字。

②形状为圆角矩形。

③船名牌可以使用铝板、木板或玻璃钢板制作。

④船名牌的型号分为Ⅰ、Ⅱ和Ⅲ型。

正确要求

①船长大于24m的渔业船舶使用Ⅰ型牌。

Ⅰ型船名牌外型尺寸为：1 400mm×330mm。

②船长在12～24m的渔业船舶使用Ⅱ型牌。

Ⅱ型船名牌外型尺为：1 000mm×300mm；渔业船舶应当在驾驶台顶部两侧悬挂船名牌。

③船长小于12m的渔业船舶使用Ⅲ型牌。

Ⅲ型船名牌的规格由各省级渔业船舶登记机关规定，报中华人民共和国渔政渔港监督管理局备案。

5. 排水舷口

❌ 错误

①排水舷口面积不足。

②拦鱼槽板将排水舷口堵死。

✓ 正确要求

①最小排水舷口面积：如果舷墙在干舷甲板或上层建筑甲板的露天部分形成阱，则应采取足够的措施以迅速排出甲板积水和放尽积水。

如果阱处的舷弧是标准的或大于标准的，

干舷甲板上每个阱内在每侧的最小排水舷口面积A应按下述要求进行计算：当船长等于12m时，$A=0.035l\,m^2$；

当船长大于或等于24m时，$A=0.07l\,m^2$；

当船长介于中间值时，A值可进行线性插值计算，在任何情况下，所取之l值不必大于0.7倍的船长。

式中，l为形成阱的舷墙长度（m）。

②检查排水舷口是否通畅。

③对设有挡板装置的排水舷口，应注意检查挡板的完整性和是否活络。

6. 船体外板

❌ 错误

船体外板变形严重。

✓ 正确要求

①船龄10年以上的渔船（期间检验、换证检验）需提供测厚报告。

②检查船体外板处是否有变形，若外板变形量大于±50mm必须整改。

7.风雨密门窗

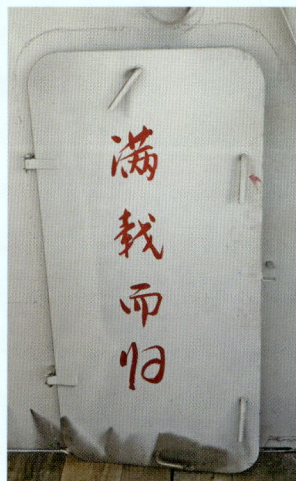

❌ 错误

①风雨密门破损、老化。

②风雨密窗破损、老化。

✓ 正确要求

①风雨密门在关闭时应保持风雨密。

②通往露天处所的风雨密门均应向外侧开启。

③舷窗和窗应装设能够风雨密关闭和紧固的铰链式内侧窗盖。

8.逃生窗

❌ **错误**
（3人及以上）船员居住舱室未装逃生窗。

✔️ **正确要求**
（3人及以上）船员居住舱室要设置两个逃生门或（逃生门＋逃生窗）（温岭当地要求）。

❌ 错误

逃生窗被堵住。

✓ 正确要求

逃生窗一般应设置在住舱前壁，若设置困难，可以设置在两舷，逃生窗尺寸不应小于600mm×600mm（温岭当地要求）。

9.逃生通道

❌ **错误**

驾驶亭逃生通道宽度不足,难以通行。

✔️ **正确要求**

检查并确认机舱和起居处所的逃生通道畅通。

❌ **错误**

驾驶室、主甲板逃生通道有杂物遮挡、堵塞。

✓ **正确要求**

逃生通道的宽度及连续性应经船舶检验机构确认。

10.防撞舱壁

❌ 错误

①防撞舱壁有开口。

②防撞舱壁加强筋腐蚀严重。

✓ 正确要求

①防撞舱壁干舷甲板以下不允许有开口。

②防撞舱壁及加强筋无严重腐蚀，满足水密及强度要求。

11. 机舱前后壁

❌ 错误

机舱后壁有开口。

✔ 正确要求

机舱前、后壁不允许有开口，满足水密及强度要求。

🚢 1.舱底水位报警器

水位报警器控制箱   水位探头

❌ **错误**

①水位报警器未安装或安装错误。

②电缆线未接。

③水位报警器无法正常工作。

✅ **正确要求**

船长大于或等于24m时要求配备水位报警器。

①检查水位报警器外观。

②水位报警器的电线要接通报警器，需正确安装，并有效。声光报警器需安装在驾驶室。

2.海底阀及阀箱

错误

①海底阀损坏、漏水。

②海底门、海底格栅堵塞，有海生物。

正确要求

①维修或更换海底阀。

②海底阀箱内部需清洗干净，格栅需安装完整。

3.排气管保护

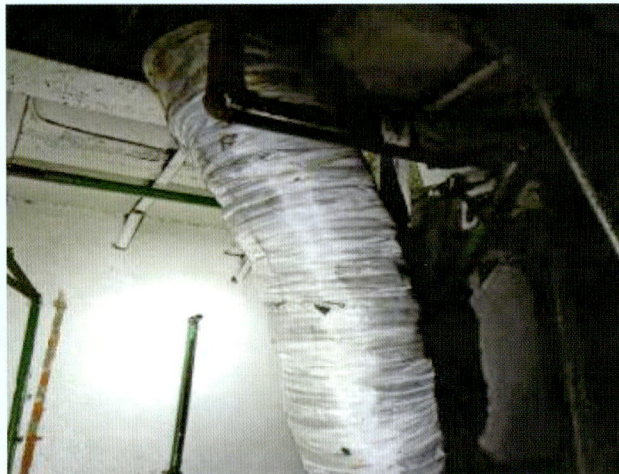

❌ **错误**

排气管没有隔热措施。

✔ **正确要求**

排气管用隔热材料进行包扎。

4.油柜液位计

❌ **错误**
液位计使用塑料管。

✅ **正确要求**
　　所有油柜应装有能安全、有效地测定油量的装置。如装有测深管，则其上端应终止于安全位置并配有适当的关闭设施。可以使用由足够厚的玻璃制成的且有金属罩保护的液位表，但应装有自动关闭阀。

5.燃油柜速闭阀

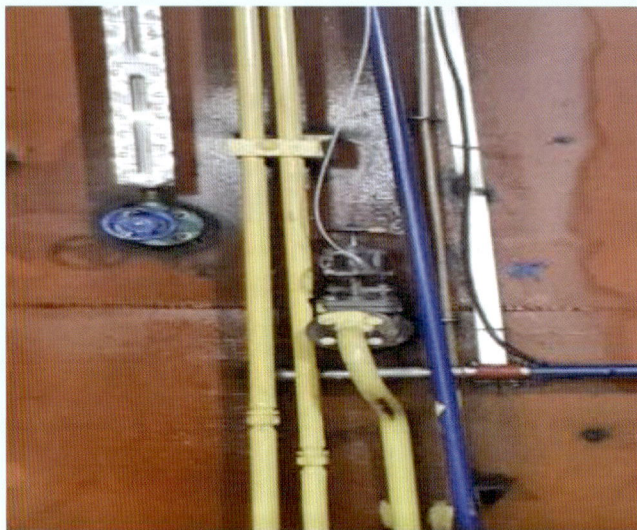

❌ **错误**

燃油柜未使用速闭阀。

✔ **正确要求**

位于双层底以上的燃油储存柜、日用油柜等的油管应装设旋塞或阀门，以防止油管损坏时燃油外溢。当所在处所发生火灾时，应能在该处所以外的安全位置关闭此旋塞或阀门。

6. 蓄电池放置

蓄电池放置要求：

① 充电功率大于2kW的蓄电池组应安装在专用舱室内，充电功率小于2kW的蓄电池组可安放在专用箱或柜中，若机舱内条件不许可，则可以安放在通风良好的地方。

② 放置蓄电池的箱或柜（架）及开放安装蓄电池的场所附近，不应有排气管、蒸汽管等各种热源或产生火花的设备。

③ 蓄电池的安装应便于检测、加液，周围清洁，更换方便，空气流畅。上下层蓄电池之间应留有400mm的空间，每个蓄电池四周应留有不小于20mm的空隙。

④ 蓄电池之间的空隙应用不吸潮、耐电解液腐蚀的绝缘材料楔隔、衬垫或加固。蓄电池箱或柜底部应以耐腐蚀材料制成的托盘加以衬垫，托盘的四周高度应不低于45mm，托盘不应漏液。

⑤ 蓄电池室的门和专用箱、柜外面应有"禁止烟火"的标识。

⑥ 应急电源和用作无线电通信设备备用电源的蓄电池组应安放在船舶最上一层连续甲板之上，且从露天甲板易于到达之处。

7.舱底水系统

❌ **错误**

舱底水系统管路使用塑料管。

✅ **正确要求**

①舱底水系统管路及泵组需完整。

②管路、法兰以及阀件无严重腐蚀。

③船长大于或等于24m时应至少设两台动力舱底泵,其中至少一台为独立动力泵,其余可为主机带动泵。

④船长小于24m大于12m时可允许仅设一台动力泵和一台适当排量的手动泵。

⑤管路应使用无缝钢管,严禁使用塑料管。

⛴ 1.救生筏及附件

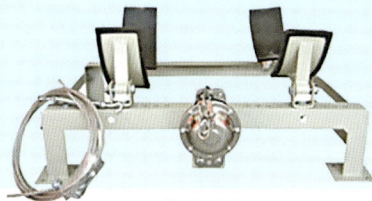

救生筏存放筒　　　　　　　静水压力释放器

救生筏架

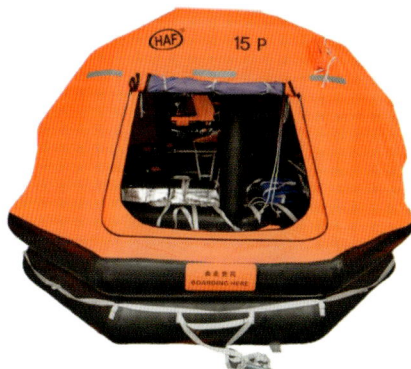

救生筏

　　救生筏平时放在玻璃钢救生筏存放筒内。救生筏安装在船舷专用救生筏架上，可将救生筏直接抛入水中。被抛入水中后，救生筏即可自动充胀成形，供遇险人员乘坐。被抛入水中后，如果船下沉太快，来不及将救生筏抛入水中，当船舶下沉到水下一定深度时，救生筏架上的静水压力释放器会自动脱钩，释放出救生筏。

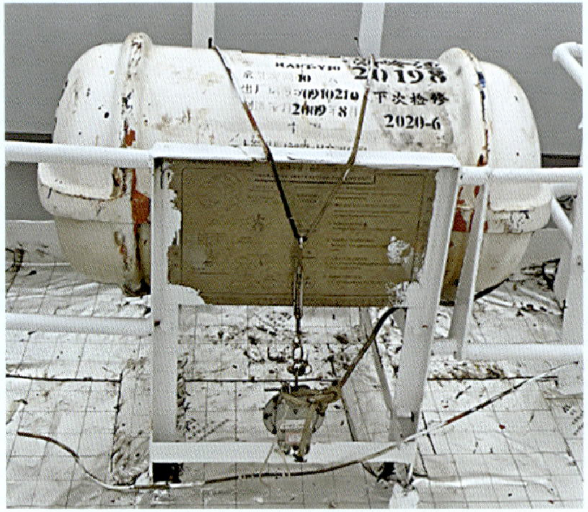

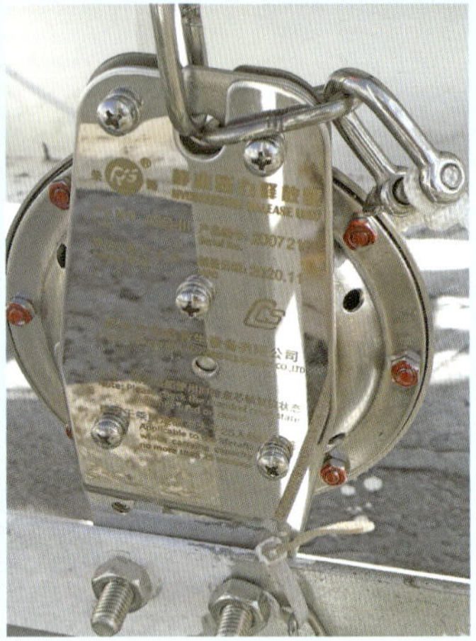

❌ **错误**

①救生筏绑扎带未剪除，船名号缺失。

②救生筏静水压力释放器装反。

✔️ **正确要求**

①检查气胀式救生筏的数量并存放在船舶两舷的专用救生筏架上，静水压力释放器正常，气胀式救生筏未"脱钩"或"绑死"。严禁在救生筏上和周围堆积任何影响自动释放的杂物。

②检查气胀式救生筏及静水压力释放器，均应在有效期内。

③检查气胀式救生筏存放筒，标记应齐全、清晰，如检验部门的名称和额定船员数目、上次检修的日期、降落说明等。

2.救生圈及附件

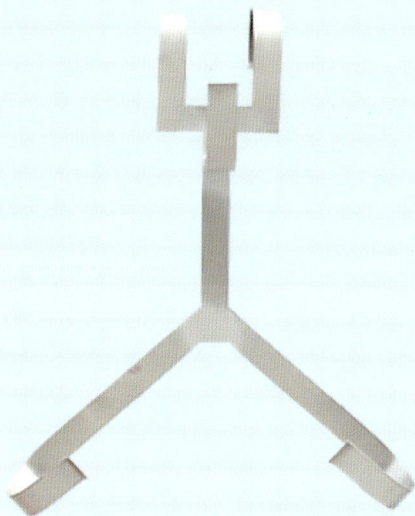

救生圈和支架

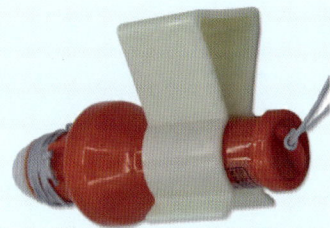

救生圈浮灯

救生圈浮索

❌ 错误

①救生圈老化、破损、未写船名号。

②未按要求配备浮灯、浮索。

③未正确安装到救生圈架子上。

④救生圈反光带缺少或破损。

✅ 正确要求

①救生圈应完整并标写船名号。

②按要求配备浮灯、浮索。

③正确安装到救生圈架子上。

④救生圈反光带须完整。

3.逃生救生衣及附件

外部标识
救生衣名称和型号、标准号检验机构标志、制造厂、制造日期批号

SOLAS 反光片
符合IMOA.6584（16）要求的逆向反光带，面积不少于400cm²。反光带为六边形蜂窝状

救生口哨
每件救生衣都配备细索系牢的口哨一个

救生衣灯
每件救生衣配备细索系牢的示位灯一个，示位灯符合SOLAS公约要求。

重要提示： 此产品不配送，需另外购买

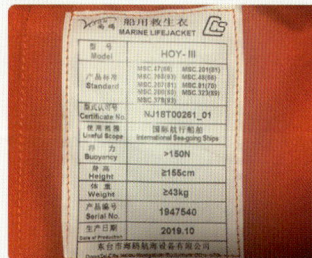

提环和伴带
可让救援人员将穿者拖出水面，送入救生艇或救生筏内

（1）逃生救生衣。

名称	船用救生衣
适合身高	≥155cm
适合体重	≥43kg
浮力	≥150N，在淡水中浸泡24h后，其浮力损失＜5%
特殊人群	能使体重高达140kg的人穿上救生衣

（2）救生衣穿戴。

逃生救生衣正确穿戴

工作救生衣正确穿戴

①把救生衣套在颈上，将长方形浮力袋置于身前；系好领口的带子。

②将左右两根缚带分别穿过左右两边的扣带环，绕到背后交叉。

③再将缚带穿过胸前的扣带环并打上死结。

注意：每件配救生口哨1个，救生衣灯1个。

❌ 错误

①逃生救生衣救生衣灯和救生口哨缺失。

②逃生救生衣无船名号，老化严重。

③逃生救生衣未存放在固定处所。

✅ 正确要求

①检查逃生救生衣，应按证书配备。

②逃生救生衣完整、附件应齐全。

③逃生救生衣应写船名号，并在安放处贴上存放标签。

4.消防员装备及附件

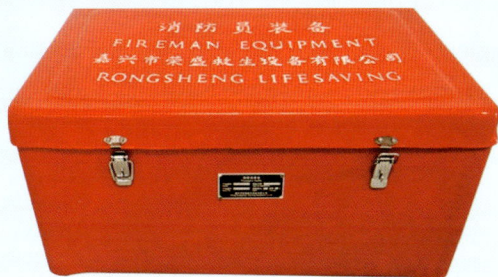

序号	名称	技术参数	数量	备注
1	防护服	铝箔复合阻燃材料，10kW/m² 辐射热源照射30s后，其内表面温升不大于25℃	1套	上衣、裤子、脚套、手套、CCS证书
2	正压式空气呼吸器	气瓶工作压力30MPa	1套	CCS证书及合格证书
3	耐火绳	30m	1套	CCS证书及合格证书
4	防爆灯	照射时间大约3h	1个	CCS证书及合格证书
5	太平斧	绝缘耐压	1把	CCS证书及合格证书
6	安全头盔	耐穿刺	1顶	
7	消防靴	防滑、抗穿刺、耐酸碱	1双	
8	安全带		1根	

消防靴

安全头盔

防护服

防爆灯

检查消防员装备其布置处所、数量及其完整性，检查个人装备（防护服、消防靴和手套、安全头盔、安全带、防爆灯和太平斧），正压式空气呼吸器及耐火绳。

安全带

太平斧

正压式空气呼吸器

耐火绳

5.紧急逃生呼吸装置（EEBD）

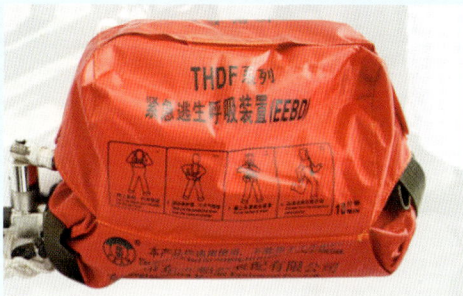

紧急逃生呼吸装置概述：

　　紧急逃生呼吸装置，仅用于从有危险气体的场所逃生。不得用于救火，进入缺氧舱或液货舱，也不得供消防队员穿着使用。

　　紧急逃生呼吸装置的压缩气瓶上装有一个压力表。在贮存过程中，压力表不显示气源压力。

防护毒气　防护浓烟　防护颗粒

隔离颗粒　隔离粉尘　隔离蒸汽

精准显示

压力表准确显示
实时充气压力

全面头罩

安全防护头罩，
大面屏可视视野
方便行走，有效
隔离有害气体

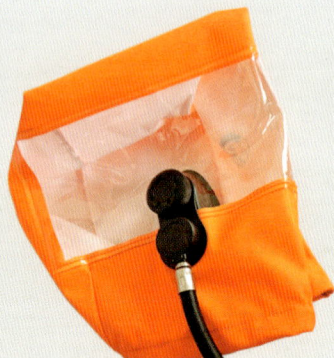

空气瓶背包

空气瓶背包，方
便背着背包紧急
逃离

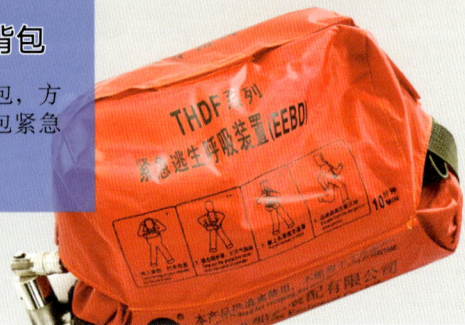

检查紧急逃生呼吸装置（EEBD）：查对其存放处所、数量，检查其完整性。

6.登乘梯和信号弹

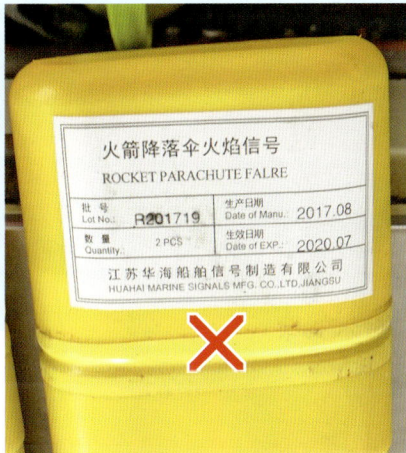

❌ 错误

①登乘梯腐蚀破损严重。

②烟火信号弹未在有效期内（如今年2022年，2020年已过期）。

✅ 正确要求

①登乘梯为旅客和船员在遇难时登乘救生艇或停泊时上岸和登船之用。每艘船需按要求配备登乘梯。

②当发生海上紧急状况时，最重要的就是尽可能迅速且安全地发出警报。而在等待救援的时候，升起像是降落伞火焰信号这种在几千米外都能被看见的求救信号，对于安全营救海上受困人员也是至关重要的。每艘船需按要求配备烟火信号弹并应在有效期内。

033

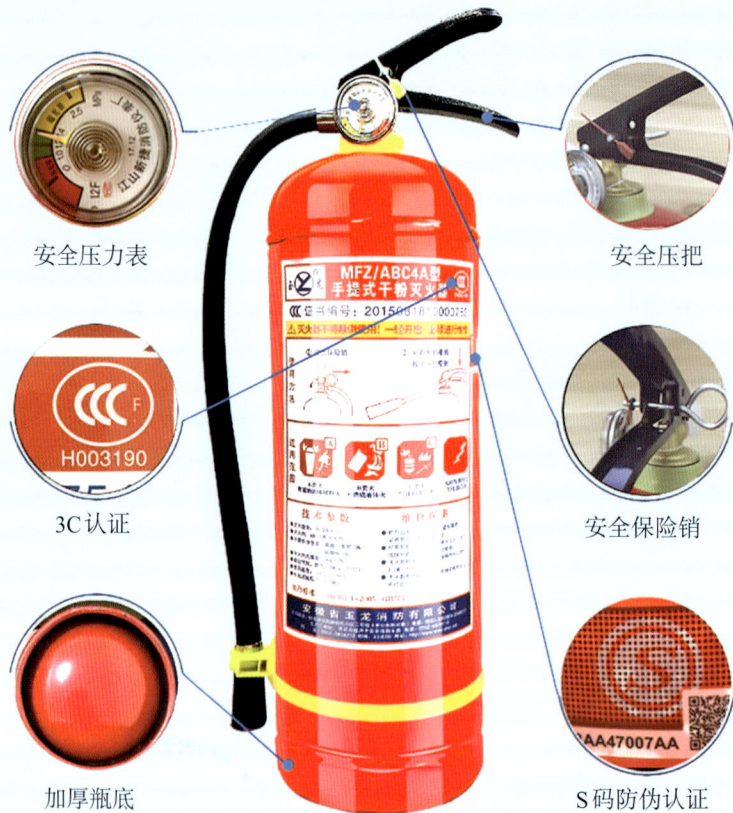

1. 灭火器

（1）干粉灭火器。

安全压力表

3C认证

加厚瓶底

安全压把

安全保险销

S码防伪认证

使用方法

干粉灭火器适用于扑灭以下3种初期火情：

A类：固体燃料火，如木头、衣物、纸张等。

B类：可燃液体火，如汽油、柴油、乙醇等。

C类：气体和蒸汽火，如煤气、天然气等。

1.拔出安全保险销

2.单手按下安全压把

3.对准火源根部喷射

（2）推车式干粉灭火器。

白象专用胶管

压力表
外置压力表，方便日
常压力检查

瓶体钢印
瓶体钢印清晰，杜绝二次
回收，底部光滑，不变形

安全压把
人体工程设计，不滑手

铅封保险栓
保护灭火器存放安全，灭火器
一经打开使用必须充装维修

消防标识认证
灭火器"身份证"，中国消防产
品信息网、公安部消防产品合格
评定中心网站可查询产品真伪

手推式灭火器

- 展开喷粉管
- 除掉铅封，拔出安全保险销
- 打开阀门
- 扳动喷粉开关并对准焰火

普通固体材料火　可燃液体火　气体和蒸汽火　带电物质火

035

（3）水基型灭火器。

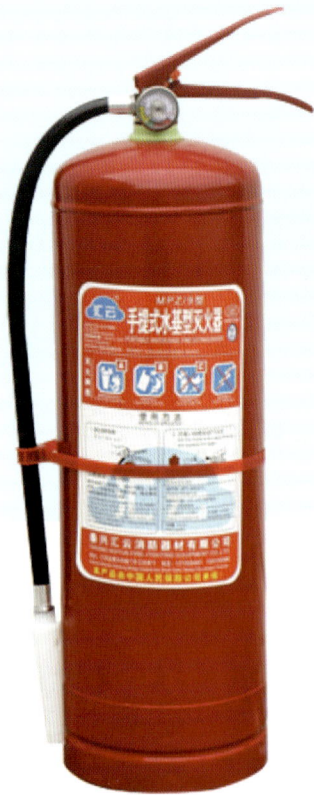

手提式水基型灭火器　　　推车式水基型灭火器

水基型灭火器内部装有AFFF水成膜泡沫灭火剂和氮气，具有操作简单、灭火效率高、使用时不需倒置、有效期长、抗复燃、双重灭火等优点，能扑灭可燃固体、液体的初期火灾，是船舶的消防必备品。

红色区域
指针在红色区域，表示灭火器压力小，不能喷出

绿色区域
指针在绿色区域表示灭火器压力正常，可正常使用

黄色区域
指针在黄色区域表示内部压力过大，使用会有爆炸的危险

❌ **错误**
①灭火器压力不足。
②船上灭火器未使用座架固定在合理位置。
③存放处所未粘贴灭火器反光标贴。

✔️ **正确要求**
①检查灭火器压力、指针在正常区域。
②检查灭火器外观、数量。
③检查灭火器正确安装（需座架固定）及位置（驾驶室、机舱、生活区、厨房）。
④灭火器存放处所需粘贴反光标贴。

2.水消防

（1）消防水龙带及附件。

水龙带

接扣

1.先用喉箍套向水带的另一端

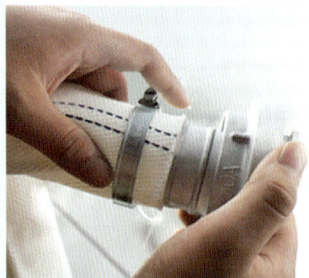
2.接着把水带的接扣穿进水带

喉箍

3.用螺丝刀把接扣固定得更紧

4.水带扎固完成

消防水龙带的附件及安装

（2）消防枪头。

水枪连接图
可配置65口径的水带

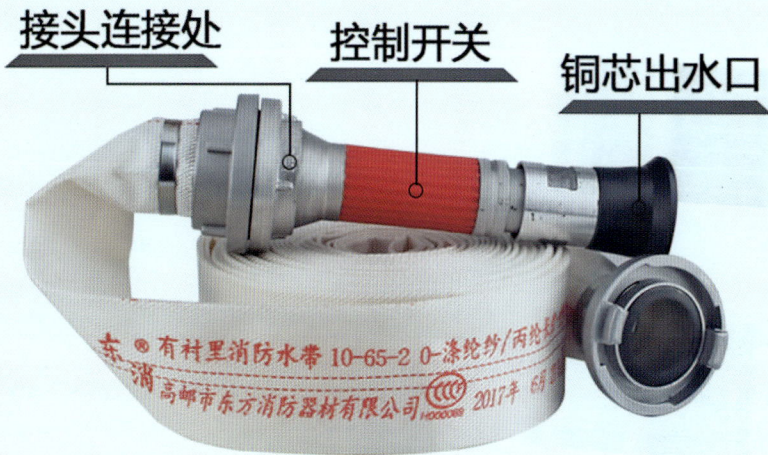

接头连接处　　控制开关　　铜芯出水口

消防直流水枪　　　消防开花喷雾水枪

　　消防直流水枪是灭火的射水工具，用其与水带连接会喷射密集充实的水流。具有射程远、水量大等优点。它由管牙接口、枪体和喷嘴等零部件组成。

　　通过调节开关控制水流形状。喷雾角度为 0°～ 120°。直流喷射流量约6L/s，喷雾流量约8L/s。射程约30m。

　　消防开花喷雾水枪是水枪的更新换代产品。它除了具有普通水枪的远距离喷射灭火及关闭水流的功能外，还具有开花喷射及喷雾功能，交替变换功能可在扑灭远距离中心火源的同时扑灭近距离大面小火，或喷雾用作水帘幕以保护自身安全，是新一代较为理想的消防器材之一。

水龙带箱
FIRE HOSE BOX

❌ **错误**

①消防栓手轮破损缺失。

②消防栓支管无阀门。

③消防水龙带箱破损。

④消防水龙带无接头、无水枪。

✅ **正确要求**

消防栓、消防箱、消防水龙带、消防水枪应正确存放。

3.消防管系

错误

消防管路使用塑料管。

正确要求

①船长大于或等于45m但小于60m的至少配备两台消防泵。

船长大于或等于30m但小于45m的至少应配备一台独立动力驱动消防泵。

船长小于30m的应至少配备一台动力消防泵（机带泵也适用）。

②消防管路应使用无缝钢管，不得使用塑料管。

 1. 厨房

（1）厨房内装修。

❌ 错误

①厨房碗柜为木质材料。

②厨房门未使用符合规范要求的防火门。

③地板、灶台为木质材料。

✅ **正确要求**

厨房内无可燃装饰材料；厨房门需使用符合规范要求的防火门。

043

（2）煤气瓶存放。

❌ **错误**

煤气瓶放置在厨房内。

✅ **正确要求**

煤气瓶应放在室外独立处所，要通风良好，有遮挡物，并固定。

2.机舱

错误

①机舱门为木门（或外部包铁皮的木门、钢板门）。

②机舱入口及内部装饰材料为非防火材料。

③机舱楼梯、地板为木质材料。

✔ **正确要求**

①机舱门要更换为符合规范要求的防火门。

②机舱入口内部可燃材料拆除。

③机舱木质楼梯、木地板更换为钢板。

3.机舱电气设备

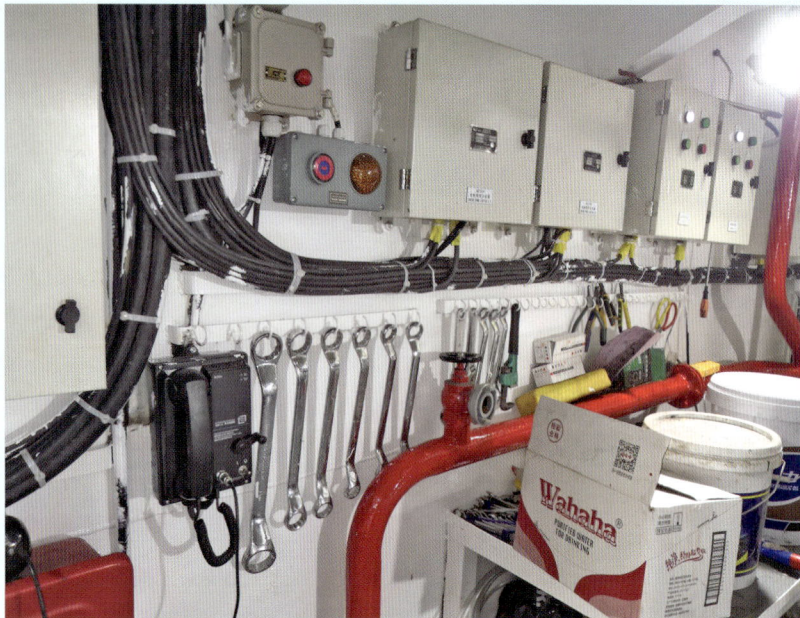

❌ **错误**

①配电箱盖缺失、配电箱腐蚀严重。

②电缆私拉乱接。

③电缆为非船用防火电缆，电缆老化。

✓ **正确要求**

①配电箱完整。

②电缆整齐固定且必须为船用电缆。

③电缆老化时应及时更换。

4.万用表的使用

电机驱动测试

开关、接头、电缆测试

配电柜电压检测

5. 驾驶室

❌ 错误

驾驶室处装饰板破损严重。

✓ 正确要求

新建或改建渔船的装饰板，要更换为防火板。

（1）驾驶室防火门。

❌ **错误**
驾驶室通道未使用防火门。

✓ **正确要求**
驾驶室、驾驶室上下通道应使用符合规范要求的防火门。

（2）驾驶室电缆。

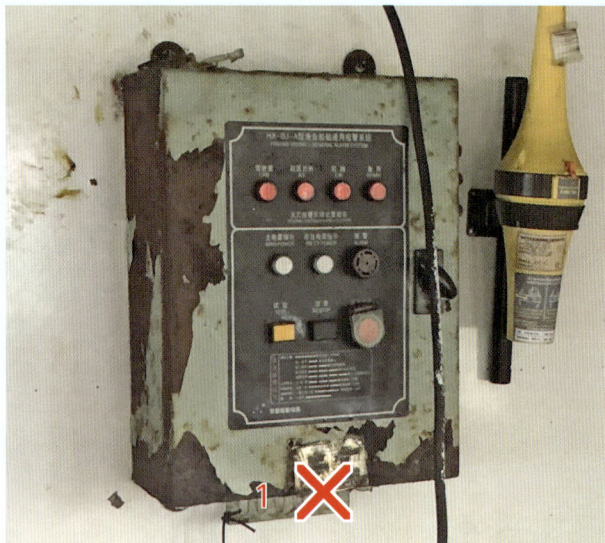

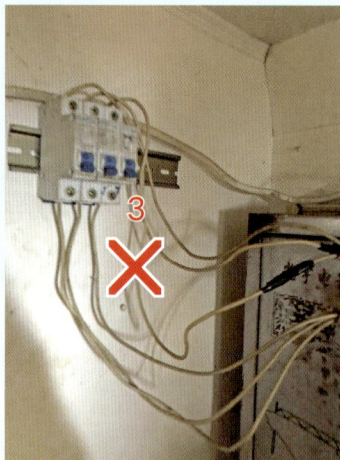

❌ **错误**

①驾驶室通用报警电缆未接，裸露电缆无保护套管。

②电缆散乱，无捆扎；电缆裸露，无保护套管。

③空气开关无保护罩，使用闸刀。

✅ **正确要求**

①驾驶室里外露的电缆要进行套管保护（信号线需整齐捆扎布线）。

②驾驶室里不能有闸刀，应使用带保护罩的空气开关。

 6.住舱

错误

①住舱床上电缆私拉乱接、未使用船用电缆。

②住舱灯泡未固定。

专用插座

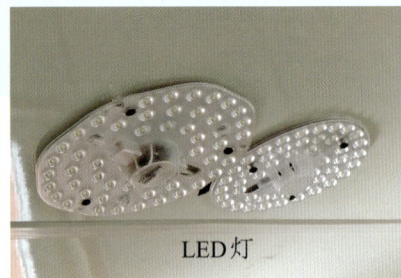

LED灯

正确要求

①住舱每张床上配专用插座，禁止私拉乱接。

②住舱灯应使用船用灯或LED灯。

六、渔捞设备 ⚓

🚢 1.钢丝绳、吊杆

❌ **错误**

①钢丝绳生锈、腐蚀。

②吊杆生锈、腐蚀。

✔ **正确要求**

检查钢丝绳及吊杆是否完好。

 2.滑轮、吊钩

❌ 错误

①滑轮生锈、腐蚀。

②吊钩生锈、腐蚀。

✓ 正确要求

检查滑轮、吊钩、卸扣眼板是否完好。

七、防污染设备 ⚓

🚢 1.生活污水污染系统

（1）生活污水贮存柜。

国内渔业船舶生活污水贮存柜规格表

船舶类型	设备类型	数量	船员人数	规格（m³）	
				海洋	内河
400GT 及以上或载运人数15人及以上	生活污水贮存柜	1	10	0.70	0.35
		1	12	0.84	0.42
		1	14	0.98	0.49
		1	15	1.05	0.53
		1	18	1.26	0.63
		1	20	1.40	0.70
		1	23	1.61	0.81
		1	25	1.75	0.88
		1	30	2.10	1.05
		1	35	2.45	1.23
		1	40	2.80	1.40

设备安装：

①设备安放于平整位置，固定箱体用螺栓或者焊接方式。

②安装时不得影响船体结构及其他安全设施。

③用明火操作时先清理油污及做好其他防护措施。

④本设备为多单台设备和整体式，旧船改造如果无法进入船舱，可先进行拆卸，进入舱内后再组装（或者根据情况重新进行结构设计）。

⑤安装位置在机舱或者其他低于排污口部位（否则污水无法流入生活污水处理装置）。

⑥按照提供的图纸指示及各船结构分别接入黑水管道（粪便污水）、灰水管道（一般生活污水）、出水管道（接入仓外）、冲洗水管道（接入自来水或者清水泵）、排气管道（尽量远离有明火部位）。

⑦接入 AC380V/220V 电源（打开控制箱，按照接线正负及指示接入电源线，并接好有效接地线）。

⑧安装完工后放入干净水进行检漏试验，确认无泄漏后，排掉水方可投入正常使用。

（2）生活污水贮存柜系统图。

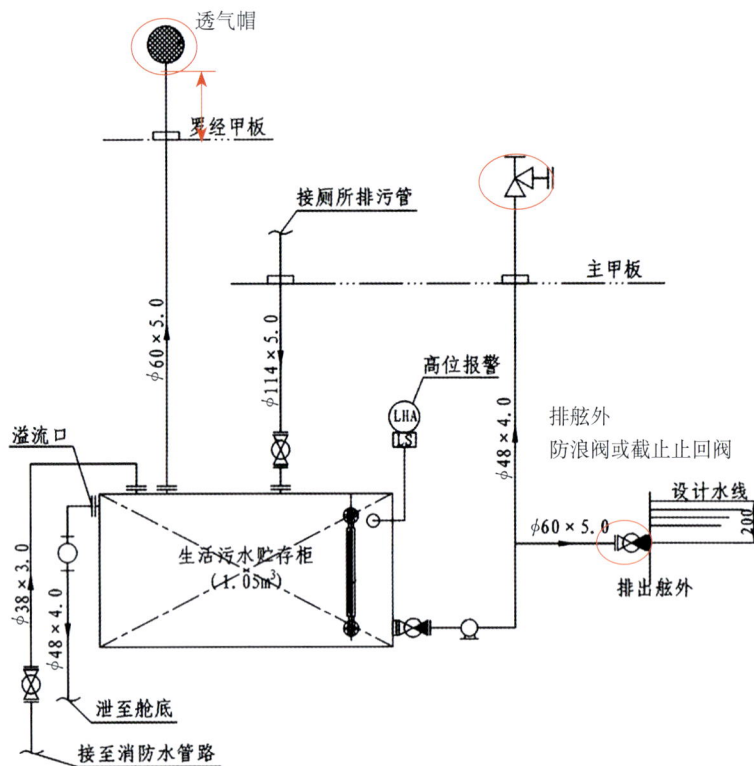

生活污水排放接头

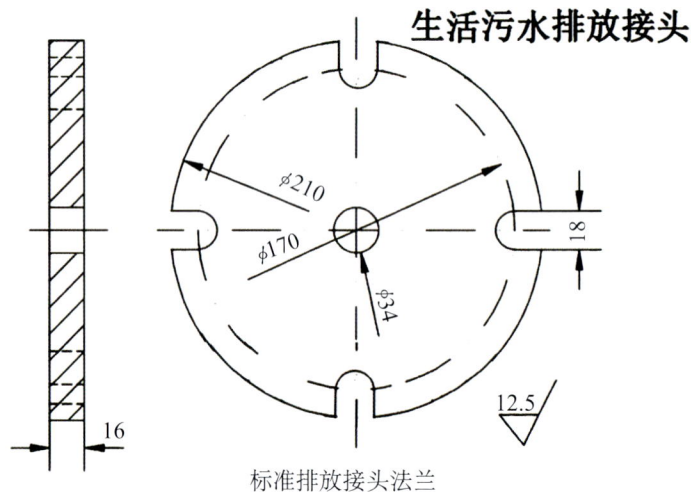

标准排放接头法兰

项目	尺寸
外径	210mm
内径	按照管路的外径确定
螺栓节圆直径	170mm
法兰槽口	直径为18mm的孔4个，等距分布在上述直径的螺栓节圆上开槽口至法兰盘外沿。槽口宽18mm
法兰厚度	16mm
螺栓和螺母数量	4个

（3）生活污水处理装置。

渔船装设生活污水处理装置要求

类别	适用范围	排放生活污水范围	装设方式
海洋渔船	400GT 及以上或载运15人及以上	距最近陆地3n mile 以内（含）排放	1.装设生活污水贮存柜留存污水，靠岸后排入港口接收设施 2.装设生活污水处理装置
		3 ~ 12n mile（含）排放	1.装设生活污水处理装置 2.装设生活污水贮存柜及固形物粉碎消毒设备
		12n mile 以外排放	1.装设生活污水贮存柜 2.装设生活污水贮存柜及固形物粉碎消毒设备 3.装设生活污水处理装置

设备安装：

原污水流入曝气柜，与活性污泥混合，经过充氧入接触柜，与接触柜中生物膜接触，其中有机污染物被生物膜黏附分解，生成 CO_2 和水，经接触柜中的生物膜处理后进入沉淀柜，澄清后由液位控制器控制，经过排放泵将处理后的水，打入真空超滤纤维膜组，并有一定的回流比，用以提高出水水质减小进水浓度，调节和稳定冲击负荷，提高生物活性，提高曝气有机负荷率。污水经过真空超滤纤维膜组得到净化后流入紫外线器，紫外线器对水中污染物进行处理，经检测达标的水，排出舷外。

（4）生活污水处理装置系统图。

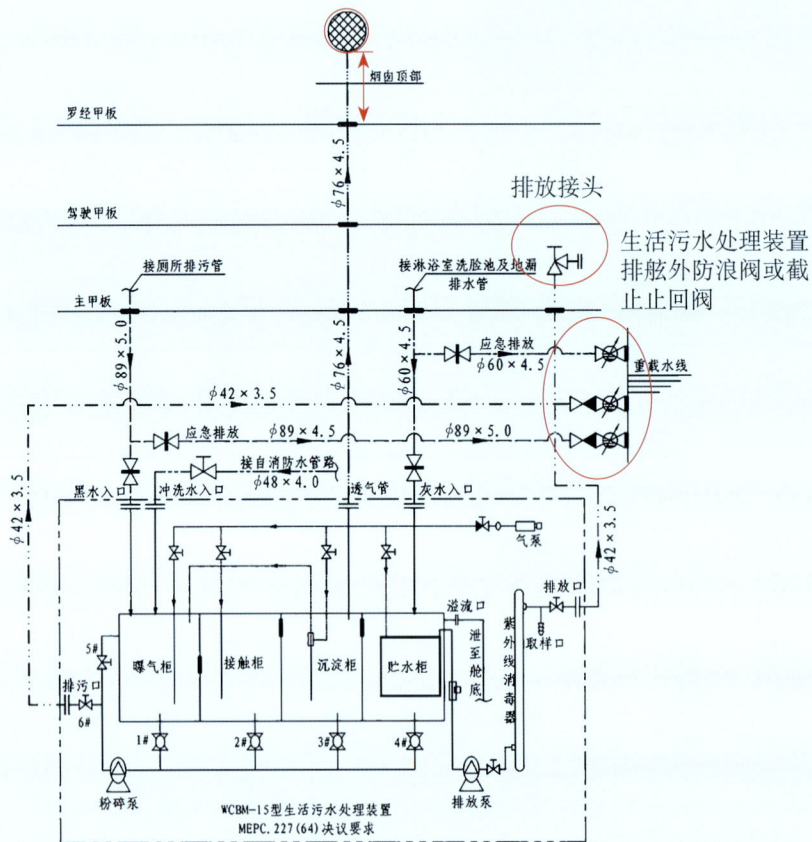

WCBM-15型生活污水处理装置
MEPC.227(64)决议要求

（5）生活污水处理装置或生活污水贮存柜。

❌ **错误**

生活污水处理装置或生活污水贮存柜未安装、未接通电源。

✅ **正确要求**

生活污水处理装置或生活污水贮存柜应符合要求，应通电。

（6）生活污水处理装置。

❌ **错误**

生活污水处理装置系统管路未做。

✓ **正确要求**

生活污水处理装置系统管路阀件应按照图纸安装。

（7）生活污水处理装置。

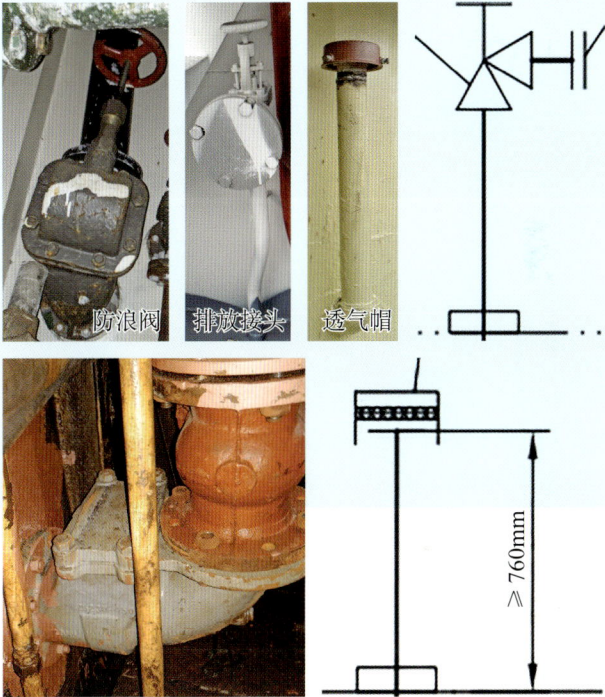

防浪阀　　排放接头　　透气帽

≥760mm

❌ **错误**

①生活污水处理装置排放接头安装错误，盲板法兰缺失。

②生活污水处理装置排舷阀未安装防浪阀。

③生活污水处理装置透气帽高度不足或缺失。

✅ **正确要求**

①生活污水处理装置排舷阀需使用防浪阀。

②生活污水处理装置排放接头和透气帽需配置。

2. 防油污系统

不同机舱总功率渔业船舶残油舱（柜）容积参考表

序号	机舱总功率 P (kW)	设备型式	航区/容量（m³）		
			遮蔽	沿海	近海
1	$P<50$	残油收集桶	0.03	0.03	0.03
2	$50 \leqslant P<100$	残油舱（柜）	0.04	0.06	0.09
3	$100 \leqslant P<200$	残油舱（柜）	0.06	0.12	0.18
4	$200 \leqslant P<300$	残油舱（柜）	0.09	0.18	0.26
5	$300 \leqslant P<400$	残油舱（柜）	0.12	0.23	0.35
6	$400 \leqslant P<500$	残油舱（柜）	0.15	0.29	0.44
7	$500 \leqslant P<800$	残油舱（柜）	0.23	0.46	0.69
8	$800 \leqslant P<1\,200$	残油舱（柜）	0.35	0.69	1.05
9	$1\,200 \leqslant P<1\,600$	残油舱（柜）	0.46	1.00	1.35
10	$1\,600 \leqslant P<2\,000$	残油舱（柜）	0.58	1.15	1.73

400GT 及以上的国内海洋渔业船舶：

未配备滤油设备的，应配备 1 套经船舶检验机构认可的滤油设备，并确保排放入海含油混合物的含油量不超过 15mg/L。海洋渔船滤油设备额定处理量应 $\geqslant 0.25$m³/h。

400GT 及以下的国内海洋渔业船舶：

渔船配备滤油设备时，该装置应经船舶检验机构认可，确保排放入海的含油混合物的含油量不超过 15mg/L。

油水分离器排放接头（污油）

（1）防油污系统图。

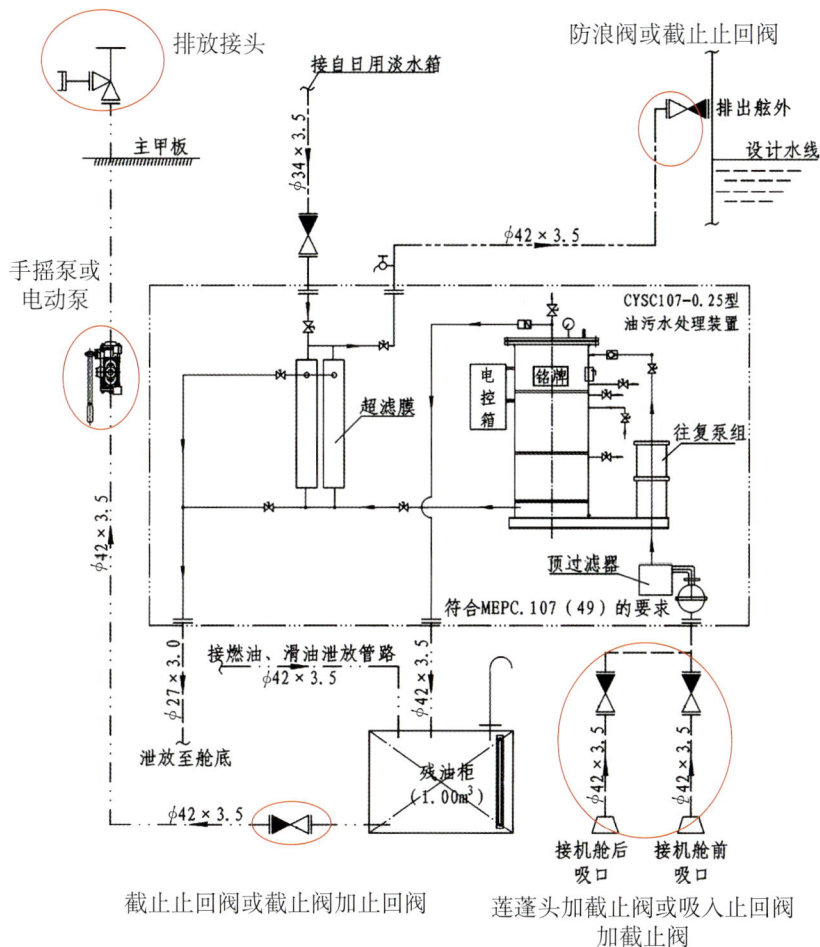

标准排放接头法兰

项　目	尺　寸
外径	215mm
内径	按照管路的外径确定
螺栓节圆直径	183mm
法兰槽口	直径为22mm的孔6个，等距分布在上述直径的螺栓节圆上开槽口至法兰盘外沿。槽口宽22mm
法兰厚度	20mm
螺栓和螺母数量	6个

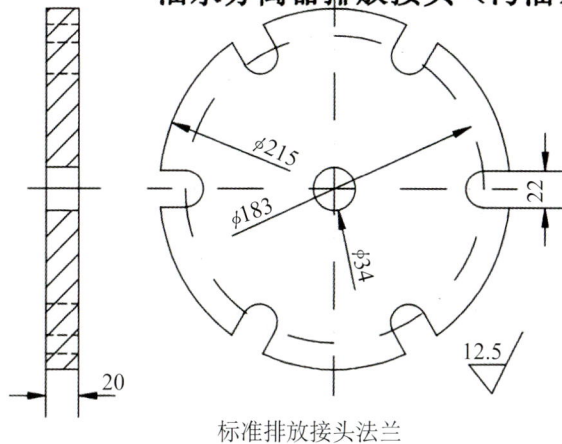

截止止回阀或截止阀加止回阀　　莲蓬头加截止阀及吸入止回阀
　　　　　　　　　　　　　　　　　　加截止阀

（2）油水分离器。

❌ 错误

油水分离器未安装、未接通电源。

✔ 正确要求

油水分离器应符合要求，应通电。

（3）残油舱（柜）。

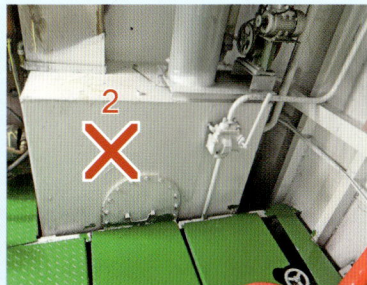

❌ 错误

①抽舱底管路未安装，不能使用软管。

②残油柜液位计未安装。

③油水分离器出舷管路出舷阀方向装反。

④油水分离器排放接头缺盲板法兰，并未用螺栓锁紧。

⑤残油柜透气帽高度小于760mm。

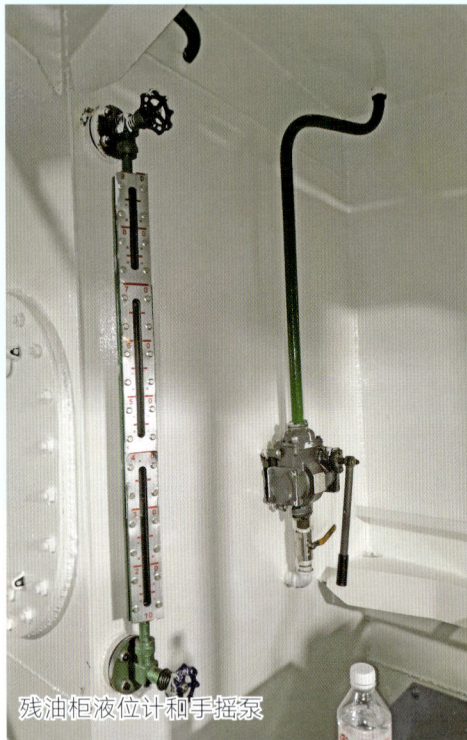

残油柜液位计和手摇泵

残油柜排岸接头

出舷管路

残油柜透气帽

抽舱底管路

✅ **正确要求**

系统管路应按照图纸安装，出舷管路（出舷阀：舷侧截止止回阀）、抽舱底管路（舱底吸口：莲蓬头）应安装正确。

（4）油污水贮存柜。

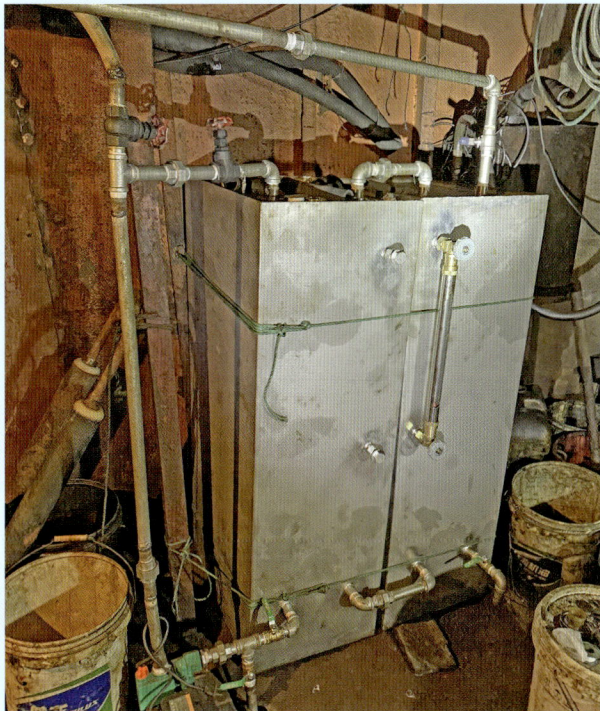

✓ 正确要求

　　油污水贮存柜容积应符合油污水收集装置容积参考规格表要求。

油污水收集装置容积参考规格表

总吨（GT）	防油污设备型式	数量	实际取值（m³）	
			水润滑	油润滑
GT ≤ 5	油污水收集桶增配油污水收集器具	1	0.04（40L）	0.02（20L）
5＜GT ≤ 10	油污水收集桶增配油污水收集器具	1	0.07（70L）	0.04（40L）
10＜GT ≤ 50	油污水收集桶增配油污水收集器具或油污水贮存柜	1	0.07 ~ 0.85[①]	0.04 ~ 0.50
50＜GT ≤ 100	油污水贮存柜	1	1.45	0.90
100＜GT ≤ 150	油污水贮存柜	1	2.25	1.35
150＜GT ≤ 200	油污水贮存柜	1	2.95	1.80
200＜GT ≤ 250	油污水贮存柜	1	3.70	2.25
250＜GT ≤ 300	油污水贮存柜	1	4.45	2.70
300＜GT ≤ 350	油污水贮存柜	1	5.15	3.15
350＜GT ≤ 450	油污水贮存柜	1	5.90	3.60

　　注：①船长12m以下允许配备油污水收集桶作为滤油设备的替代设备，并标明"船用油污水收集桶"。

　　船长小于12m的海洋渔业船舶，可选用油污水收集桶并增配油污水收集器具，容积按《国内海洋小型渔船法定检验技术规则（2019）》中的小船规则要求计算；船长大于等于12m的海洋渔业船舶，选用油污水贮存柜，容积按《国内海洋小型渔船法定检验技术规则（2019）》中的规则要求计算。

（5）油污水贮存柜系统图。

油污水系统原理图

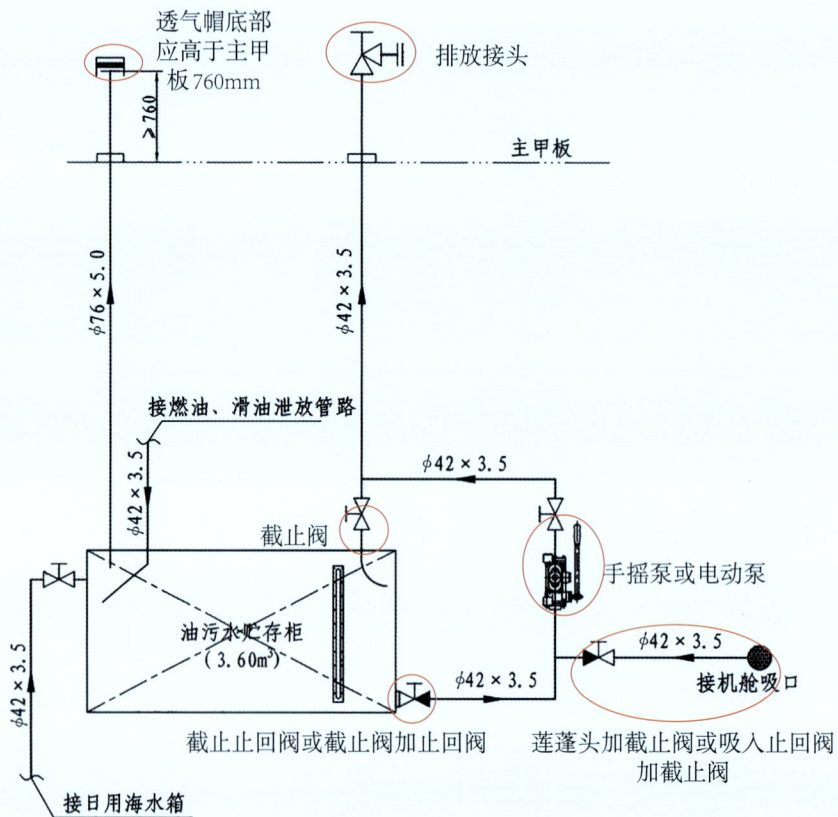

透气帽底部
应高于主甲
板 760mm

排放接头

≥760

主甲板

$\phi 76 \times 5.0$

$\phi 42 \times 3.5$

接燃油、滑油泄放管路

$\phi 42 \times 3.5$

$\phi 42 \times 3.5$

$\phi 42 \times 3.5$

截止阀

手摇泵或电动泵

油污水贮存柜
（3.60m³）

$\phi 42 \times 3.5$

$\phi 42 \times 3.5$

接机舱吸口

截止止回阀或截止阀加止回阀

莲蓬头加截止阀或吸入止回阀
加截止阀

接日用海水箱

油污水标准排放接头
1：5

（6）油污水贮存柜系统。

❌ 错误

　　①油污水贮存柜容积不足，油污水贮存柜系统错误，无抽舱底管路和通岸管路，未安装手摇泵，排放接头安装错误，透气帽高度不足760mm。

　　②排放接头安装错误，缺少盲板法兰。

　　③抽舱底管路未接到机舱吸口。

　　④透气帽高度不足760mm或透气帽缺失。

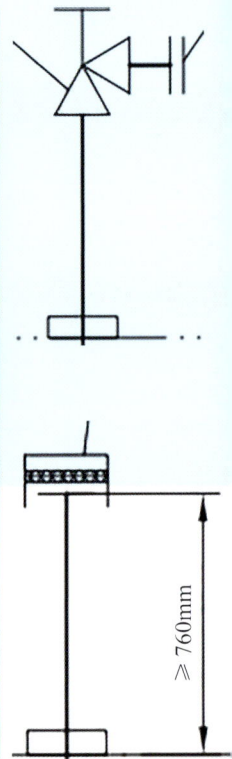

油污水贮存柜液位计和手摇泵

排放接头

透气帽

≥760mm

✅ **正确要求**

油污水贮存柜液位计、手摇泵，以及系统管路应按照图纸安装。

3.垃圾桶

❌ 错误

　　垃圾桶容量不足，垃圾桶破损，垃圾桶顶盖缺失，垃圾桶未固定，垃圾桶颜色不符，垃圾桶无标识，垃圾公告牌缺失。

✔ 正确要求

　　垃圾桶配备2个，分别标写"可回收""不可回收"字样，张贴垃圾公告牌。

　　（GT＜10，单个容积≥10L；10≤GT＜50，单个容积≥20L；50≤GT＜100，单个容积≥50L；100≤GT＜300，单个容积≥80L；300≤GT＜400，单个容积≥100L；GT≥400，单个容积≥120L）

4.油类记录簿和垃圾管理计划

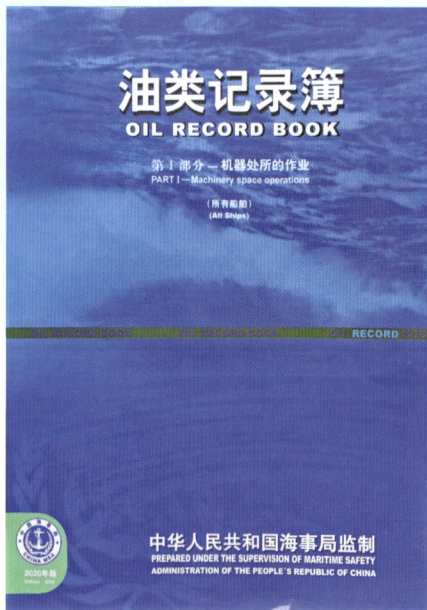

150GT 及以上的油船以及400GT 及以上的非油船，应配有油类记录簿，以记录机器处所的相关作业。

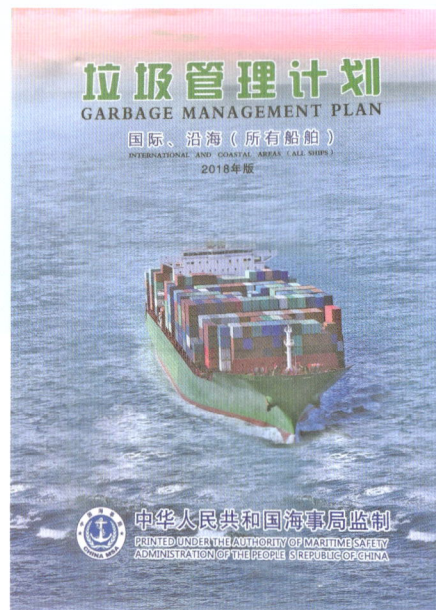

400GT 及以上的渔船，经核准载运15人或以上的渔船，须配备垃圾管理计划。

八、信号设备 ⚓

 **1.航行信号灯**

（1）桅灯。

指安置在船的首尾中心线上方的白灯，在225°的水平弧内显示不间断的灯光，其装置要使灯光从船的正前方到每一舷正横后22.5°内显示。

（2）舷灯。

指右舷的绿灯和左舷的红灯，各在112.5°的水平弧内显示不间断的灯光，其装置要使灯光从船的正前方到各自一舷的正横后22.5°内分别显示。长度小于20m的船舶，其舷灯可以合并成一盏，装设于船舶的首尾中心线上。

（3）艉灯。

指安置在尽可能接近船尾的白灯，在135°的水平弧内显示不间断的灯光，其装置要使灯光从船的正后方到每一舷67.5°内显示。

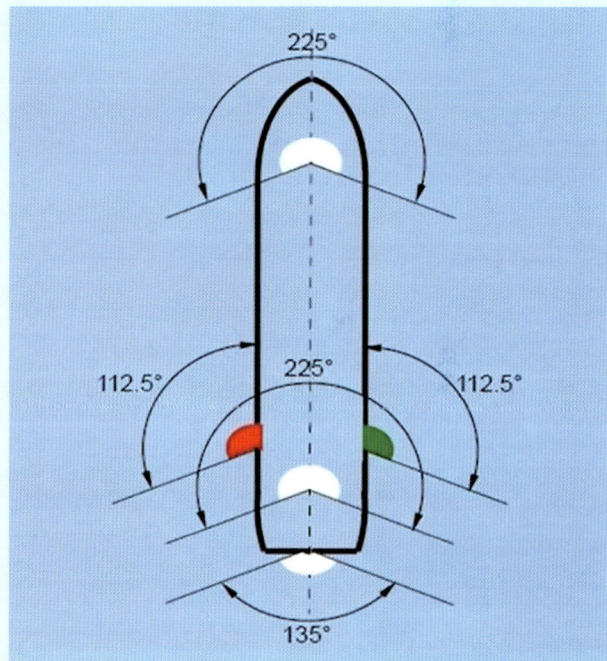

Ⅱ类航行信号灯：适用于总长大于或等于20m但小于50m各类船舶作夜航灯光信号联络使用。

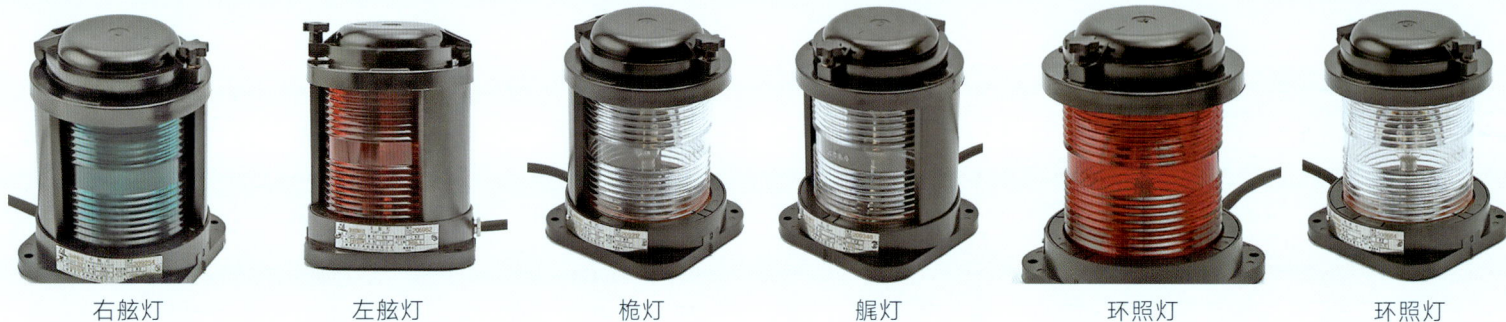

| 右舷灯 | 左舷灯 | 桅灯 | 艉灯 | 环照灯 | 环照灯 |

名称	可见距离	水平弧光	额定电压	灯泡功率	颜色
右舷灯	2n mile	112.5°	DC.24V	30W	绿
左舷灯	2n mile	112.5°	DC.24V	30W	红
桅灯	5n mile	225°	DC.24V	30W	白
艉灯	2n mile	135°	DC.24V	30W	白
环照灯	2n mile	360°	DC.24V/24V	25W/30W	红（失控灯）绿、白（锚灯）

I 类航行信号灯：适用于总长大于或等于50m各类船舶作夜航灯光信号联络使用。

双层右舷灯　　　　双层左舷灯　　　　双层桅灯　　　　双层艉灯　　　　双层环照灯

名称	可见距离	水平弧光	额定电压	灯泡功率	颜色
双层右舷灯	3n mile	112.5°	AC.220V	65W	绿
			DC.24V	60W	
双层左舷灯	3n mile	112.5°	AC.220V	65W	红
			DC.24V	60W	
双层桅灯	6n mile	225°	AC.220V	65W	白
			DC.24V	60W	
双层艉灯	3n mile	135°	AC.220V	65W	白
			DC.24V	60W	
双层环照灯	3n mile	360°	AC.220V	65W	红、绿、白
			DC.24V	60W	

总长大于或等于20m但小于50m：配备Ⅱ类航行信号灯（桅灯的最小能见距离为5n mile，舷灯、艉灯、环照灯的最小能见距离为2n mile）。

锚灯

单层桅灯

艉灯

总长大于或等于50m：配备 I 类航行信号灯（桅灯的最小能见距离为6n mile，舷灯、艉灯、环照灯的最小能见距离为3n mile）。

双层桅灯（首部）

双层桅灯

双层桅灯（中部）

双层艉灯

双层艉灯

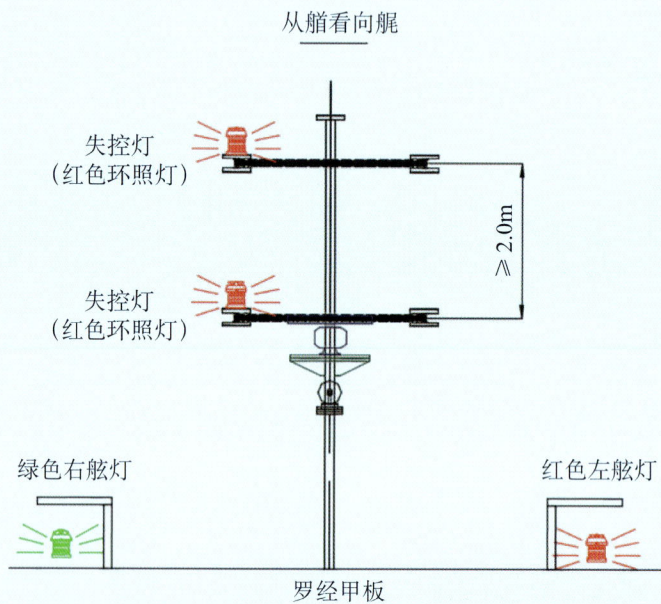

渔业辅助船两盏失控灯（红色环照灯）

从艉看向艏

失控灯
（红色环照灯）

失控灯
（红色环照灯）

≥2.0m

绿色右舷灯

红色左舷灯

罗经甲板

从艇看向艉
围网

双层锚灯

失控灯
（红色环照灯）

失控灯
（红色环照灯）

绿色双层右舷灯

罗经甲板

作业灯
（红色环照灯） ≥1.2m

作业灯
（白色环照灯） ≥1.2m

额外号灯
（黄色闪光灯）

≥0.9m

额外号灯
（黄色闪光灯） ≥2.4m

红色双层左舷灯

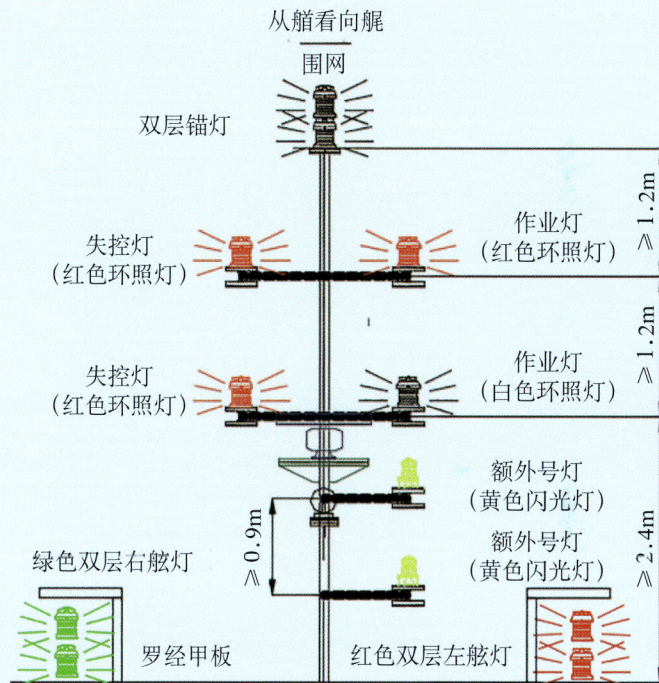

围网渔船两盏失控灯（红色环照灯），一盏作业灯（红色环照灯），一盏作业灯（白色环照灯），两盏额外号灯（黄色闪光灯）

从艇看向艉

双层锚灯

失控灯
（红色环照灯）

作业灯
（红色环照灯）

≥1.2m

失控灯
（红色环照灯）

作业灯
（白色环照灯）

≥1.2m

绿色双层右舷灯

红色双层左舷灯

≥2.4m

罗经甲板

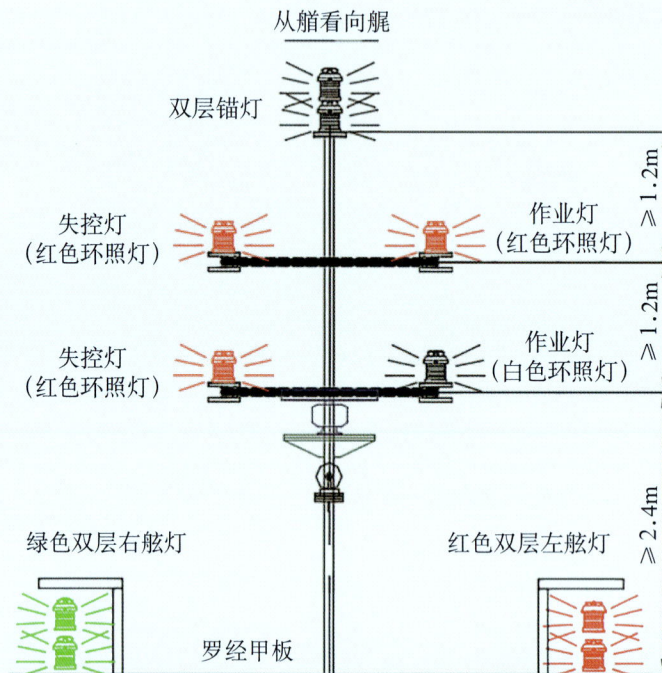

非拖非围渔船（刺网、敷网、张网、蟹笼）两盏失控灯（红色环照灯），一盏作业灯（红色环照灯），一盏作业灯（白色环照灯）

080

从艏看向艉
拖网

失控灯
（红色环照灯）

作业灯
（绿色环照灯）

失控灯
（红色环照灯）

作业灯
（白色环照灯）

≥1.2m

额外号灯
（白色环照灯）

额外号灯
（红色环照灯）

≥0.9m

额外号灯
（白色环照灯）

额外号灯
（红色环照灯）

≥2.4m

绿色右舷灯

红色左舷灯

罗经甲板

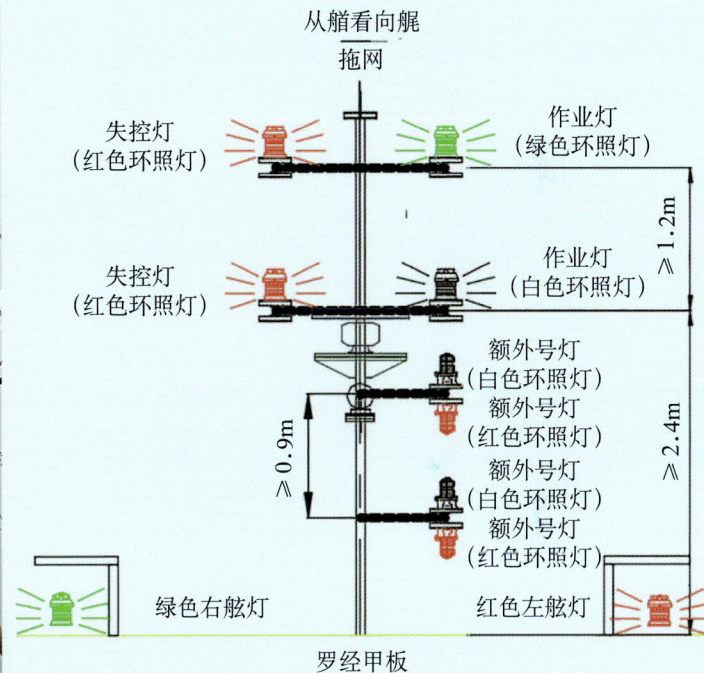

拖网渔船两盏失控灯（红色环照灯），一盏作业灯（绿色环照灯），一盏作业灯（白色环照灯）；两盏额外号灯（白色环照灯），两盏额外号灯（红色环照灯）

2.号型（锚球、作业球）

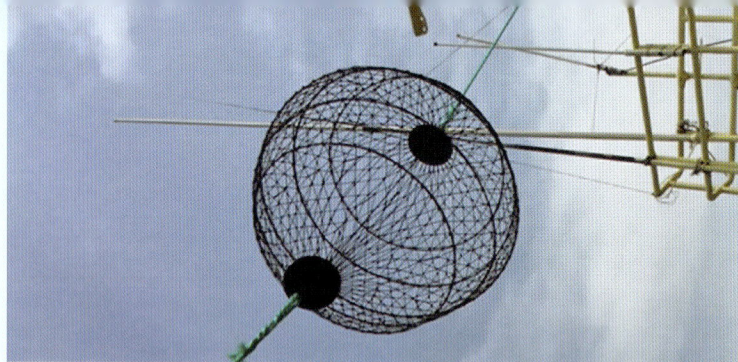

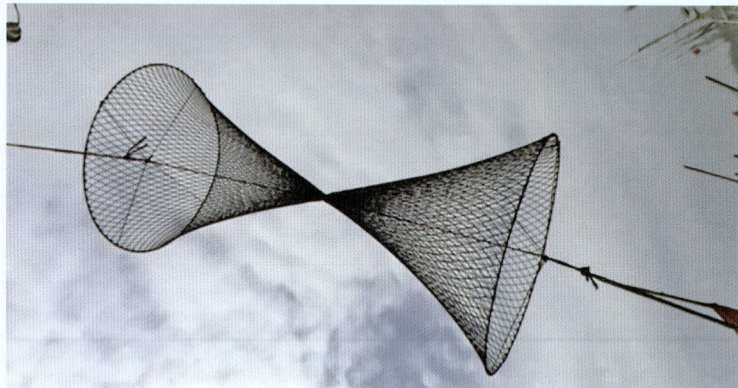

锚球

❌ **错误**

①锚球破损严重。

②作业球颜色错误。

✔ **正确使用方法及要求**

①锚球为球体，总长≥20m的船舶使用直径为600mm的大号球体，总长<20m的船舶使用直径为400mm的小号球体。

②作业球为圆锥体，圆锥体的高与底部直径相同，其大、小号的尺寸要求应与球体相同。

3.号笛、号钟

号笛

号钟

❌ **错误**

①号笛未接线。

②号钟尺寸不符合要求，号钟无铃锤。

✅ **正确要求**

①号笛的最大声强方向应对着船首方向。同时应尽量安装于船上的高处，使其发出的声音少受遮蔽物的阻挡。

②总长 ≥ 20m的船舶，号钟直径为300mm；总长 < 20m的船舶，号钟直径为200mm。

九、航行设备 ⚓

1.航行设备最低配备定额表

船舶航行设备最低配备定额表

航行设备名称	航区分类			备注（L为船长，m）
	远海	近海	沿海	
1.航海罗经				
（1）磁罗经：标准磁罗经	1	1		$L \geqslant 45m$ 要求配备
操舵磁罗经	1	1	1	所有船舶均需配备。若配备有反射磁罗经的船舶可免除。$L \geqslant 24m$ 可装调B级罗经
备用标准罗经	1	1		$L \geqslant 45m$ 要求配备，但已设有1台操舵罗经或陀螺罗经的船舶可免除
（2）陀螺罗经	1	1		$L \geqslant 45m$ 要求配备
陀螺罗经附属的方位分罗经	2	2		若方位分罗经设于驾驶室外的两翼甲板上，而该甲板顶上是遮阳的，则应另在驾驶室顶上的露天甲板处增设1个分罗经
陀螺罗经附属的航向分罗经	按需要数量配置			至少应在主操舵位置（若此位置上能清晰地从主罗经读数则除外）和应急操舵位置上配置
（3）舵角指示器	1	1	1	$L \geqslant 45m$ 要求配备
（4）推进器转速指示器	1	1	1	$L \geqslant 45m$ 要求配备

（续）

航行设备名称	航区分类			备注（L为船长，m）
	远海	近海	沿海	
2.无线电导航设备				
（1）雷达	1	1		$L \geqslant 35m$ 要求配备，并应能在 9GHz 频带上工作
（2）电子定位设备	1	1		$L \geqslant 12m$ 要求配备北斗船位监控设备
3.测深设备				
（1）回声测深仪	1	1	1	$L \geqslant 45m$ 要求配备
				可用带有回声测深功能的鱼群探测仪代替
（2）测深手锤	1	1	1	
4.避碰仪器				
雷达反射器	1	1	1	非钢质船舶要求配备
自动识别系统船载终端（AIS）	1	1	1	$L \geqslant 12m$ 要求配备

　　航行设备的使命是确保海洋船舶的航行安全、准确地引导船舶按预定的航线迅速到达目的地。

2.磁罗经

安装:

标准罗经:安装在船舶罗经甲板,视野尽可能不被遮蔽,以便观察水平和天体方位。

操舵罗经:安装在驾驶室内,使操舵位置上的操作员能清晰地读取数字。

检查:

罗盘灵敏度的检查:通过测定停滞角的方法来检查。

罗盘磁性的检查:通过检测罗盘的摆动半周期来检查。

罗盘气泡的排除:气泡对观察航向和测定物标方位均会产生误差,必须消除。

自差校正器的检查:

①硬铁校正磁棒:应无锈,因锈蚀会使磁性衰减。

②软铁校正器:应不具有磁性;否则,起不到消除自差的作用。

 **3.舵角指示器**

功能：

用于指示船舶航行时舵叶转动方向和角度。

检查：

检查指示器的完整性及安装质量。

确认照明装置正常、有足够亮度，光强应连续可调。

4. 推进器转速指示器（尾轴转速表）

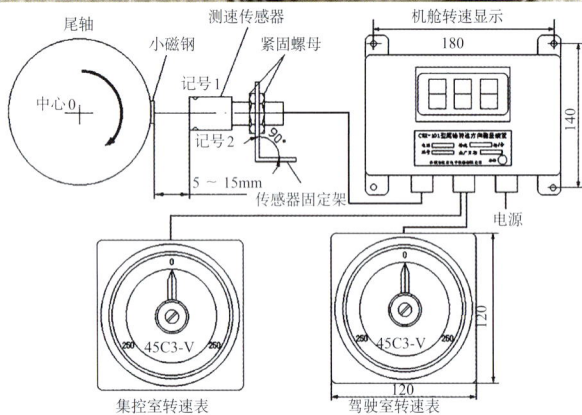

功能：

用于船舶尾轴（中间轴）转速测量和倒顺转检测。

检查：

检查指示器的完整性及安装质量。

检查其工作状态是否良好。

 **5.雷达**

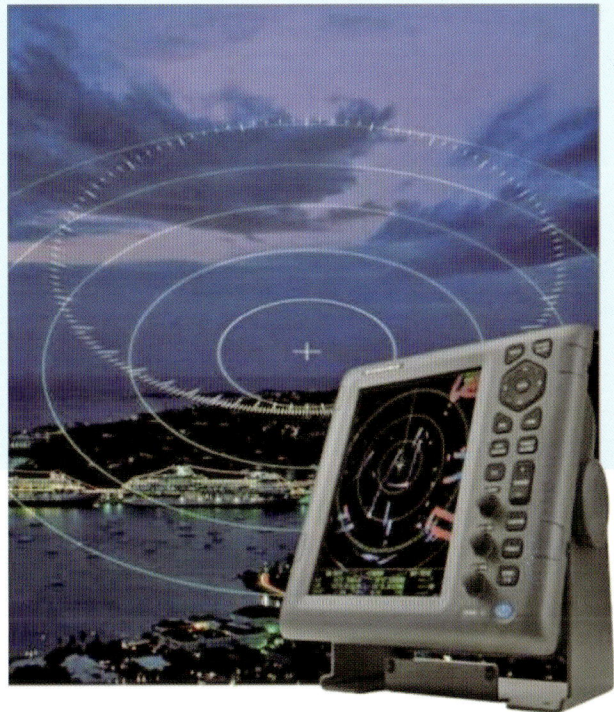

功能：

　　用于显示相对于本船的其他水上船只、碍航物、浮标、海岸线及航标的位置，借以助航和避碰。

检查：

检查设备的完整性及安装质量。

电源系统的电阻不得低于 0.5MΩ，高频线路的电阻不得低于 10MΩ。

6.定位仪

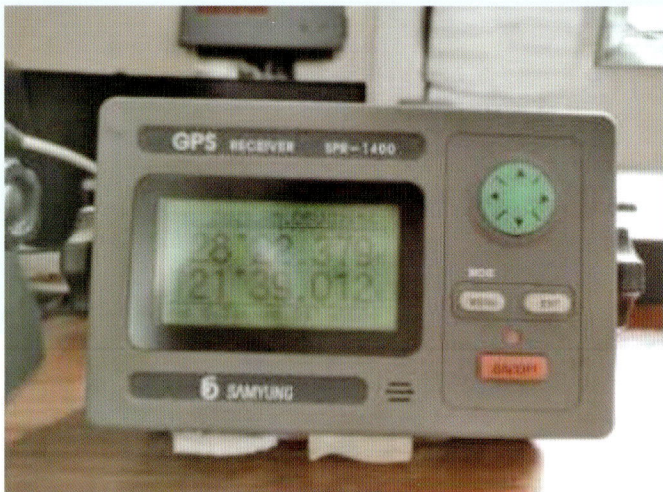

功能：

实时定位系统，导航功能（计算显示对地航向、对地航速、偏航报警、到达报警、走锚报警）、航线设计功能。

检查：

检查设备的完整性，应良好。

检查设备及其天线的安装情况，应符合要求。检查其精度是否满足要求。

检查试验故障报警功能。

7.测深仪（鱼探仪）

功能：

测量水深的船用导航仪器，通过测量水深可以辨认船位，以保证航行安全。

检查：

在各工况下进行测量试验，以检验是否受水流、气泡影响。

探测方位、深度的准确度及回波映像的清晰度。

通电后，检查零位信号和零位线以及定位标志。

检查设备的防干扰措施。通过测量水深可以辨认船位，以保证航行安全。

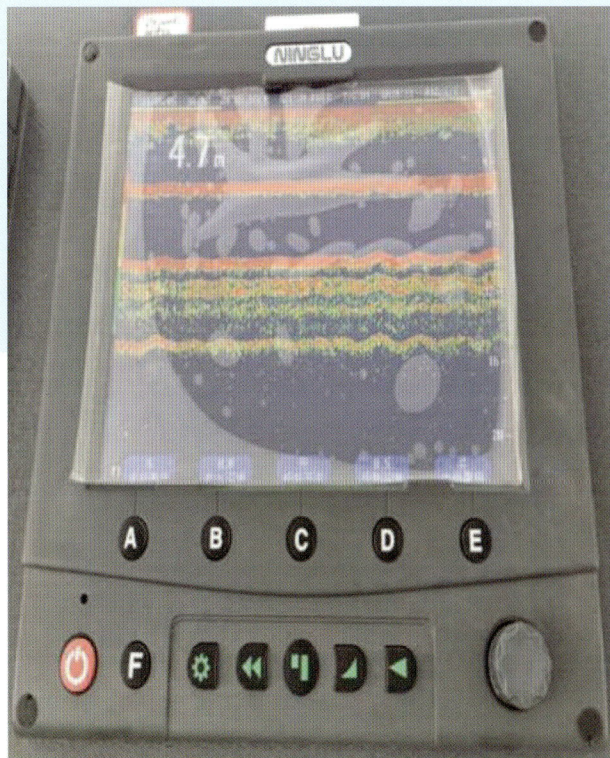

8. 自动识别仪（AIS）

功能：

识别周围的船只。

协助追踪、避让目标。

船与船、船与岸之间的短信息交流。

提供其他辅助信息以避免发生碰撞。

与VTS接口，可增强港口监管部门对来往船舶的监控。

十、无线电设备 ⚓

1.船用无线电通信设备配备要求

无线电通信设备配备定额表

序号	设备名称	遮蔽航区	A1海区	A2、A3海区
1	甚高频无线电装置（VHF）		1	1[①]
2	航行警告接收机（NAVTEX）			1
3	卫星紧急无线电示位标（406MHz-EPIRB）			1
4	中频无线电装置（MF）			根据实际海区任选一种[①]
5	中频/高频无线电装置（MF/HF）			
6	INMARSAT船舶地球站			
7	救生艇筏双向甚高频无线电话（TWO-WAY VHF）		2[③]	3[②]
8	搜救定位装置			2[②]
9	便携式甚高频无线电话（VHF）	1		

注：①永远处于编队作业的辅船可免配；②船长小于45m可减少1个；③不配救生艇筏的渔船可免配。

航行于A3海区的渔船应配备双套设备，该A3海区的双套设备系指双套VHF和双套船舶地球站或双套MF/HF无线电装置，或者双套VHF和MF/HF船舶地球站各一套。

GMDSS的海区划分：

A1海区：系指可按当事国规定，至少由一台具有连续数字选择呼叫（DSC）报警能力的甚高频岸台的无线电话所覆盖的区域。

A2海区：系指除A1海区外，可按当事国规定，至少由一台具有连续数字选择呼叫（DSC）报警能力的中频岸台的无线电话所覆盖的区域。

A3海区：系指除A1和A2海区外，具有连续报警能力的国际海事卫星组织（INMARSAT）对地静止卫星所覆盖的区域。

2.甚高频无线电话（VHF）

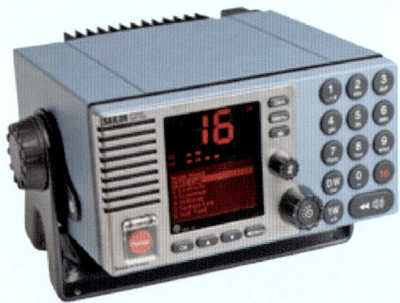

功能：具备甚高频无线电话、数字选择性呼叫及船对船和船对岸的DSC接收功能。

要求：工作频率156～174MHz；CH16（156.650MHz）、CH70（156.525MHz）有专门的按键，CH70保持连续DSC值守，CH16专用于无线电话遇险与安全的呼叫和通信。遇险报警只能通过专用遇险报警按钮来触发启动。设备应能接通后1min内工作，由主电源供电，能使用应急电源工作。

检查：

两路电源（1路为主电源，另1路为备用电源或应急电源）。

检查通信效果。

用自检装置检查各部分功能是否正常。

3.中频/高频无线电装置（MF/HF）

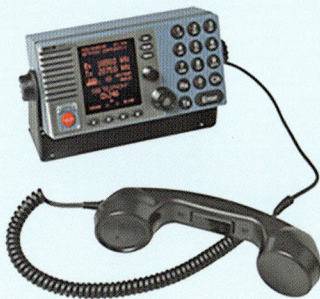

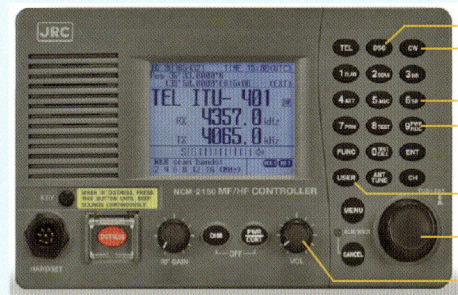

功能： 具备中频/高频无线电话、数字选择性呼叫及船对船和船对岸的 DSC 接收功能。

要求： 工作频率 1.6 ～ 27.5MHz。组成：控制单元、收发单元、无线调谐、天线、终端设备及电源，有组合或分设的 NBDP 和 DSC。

2 187.5kHz 和另一频率上（4 207.5kHz、8 414.5 kHz、6 312kHz、12 577kHz、16 804.5kHz）保持连续 DSC 值守。

检查：

两路电源（1 路为主电源，另 1 路为备用电源或应急电源）。

检查通信效果。

用自检装置检查各部分功能是否正常。

4.航行警告接收机（NAVTEX）

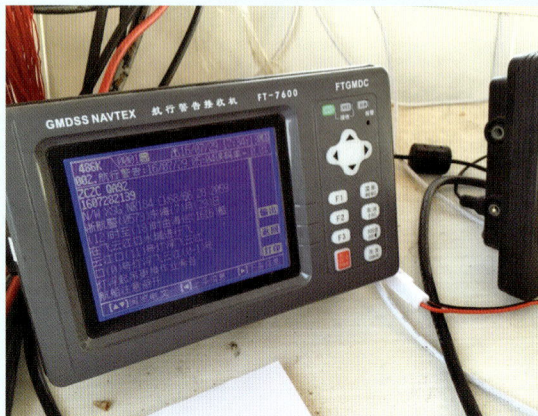

功能：自动接收、存储、显示并打印岸台所播发的有关海上安全信息（MSI），包括航行警告、气象信息等。

要求：使用单一518kHz频率，自动接收、选择、存储、显示和打印海上安全信息，用于A1、A2海区。

检查：

两路电源（其中1路为备用电源或应急电源）。

检查最近收到的报文，核查能否正常运行。

5.紧急无线电示位标（EPIRB）

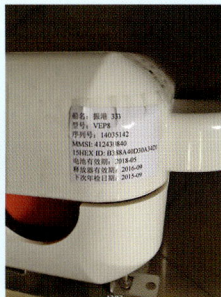

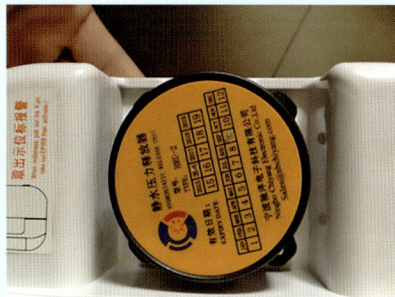

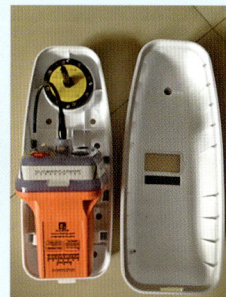

功能：船舶遇险时发出无线电报警信号，通过卫星接收确定遇险船舶的船名、位置。

要求：406MHz EPIRB，使用低极轨道卫星系统，全球覆盖，406.028MHz，电池4年更换1次，输入识别码MMSI，9位，中国412。

检查：

外观检查有无损伤，反光材料是否完好。

进行自检试验，检查其工作情况。

确认识别码置于设备中。

检查电池的有效期和静水压力释放器的有效期。

6.双向甚高频无线电话（TWO-WAY VHF）

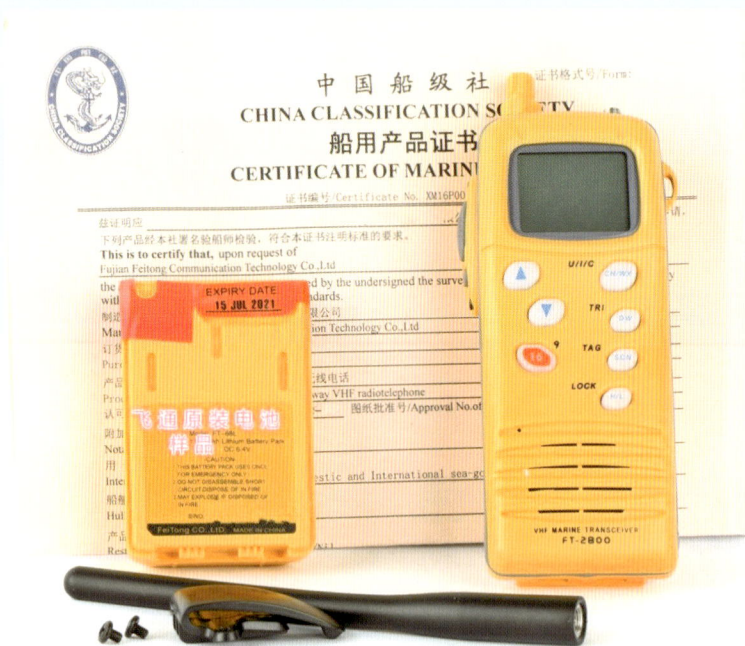

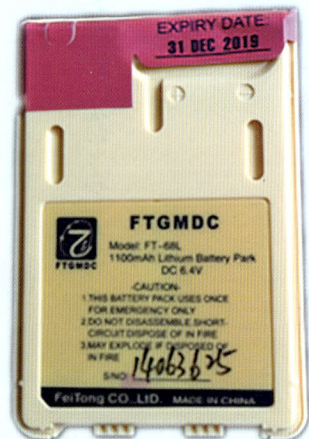

功能：用于船上和现场通信，有16频道国际遇险呼叫功能。

要求：工作频率156.8MHz（CH16）和另一频道。电池有效期4年，原配供应急使用，试验时应另带电池。

检查：

外观检查。

用测试电源进行VHF16通话试验，检查工作情况。

7.搜救雷达应答器（SART）

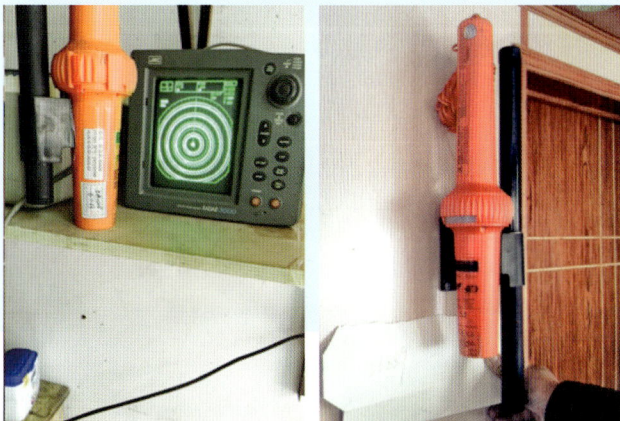

　　功能：用于救生艇（筏）的单向通信搜救定位装置。

　　要求：发射频率9 200 ～ 9 500MHz，SART应答12个扫频雷达信号，8n mile时12个亮点，较近时正常亮点旁附带小的亮点，更近时，接近圆形。电池有效期4年，待命状态下工作96h。

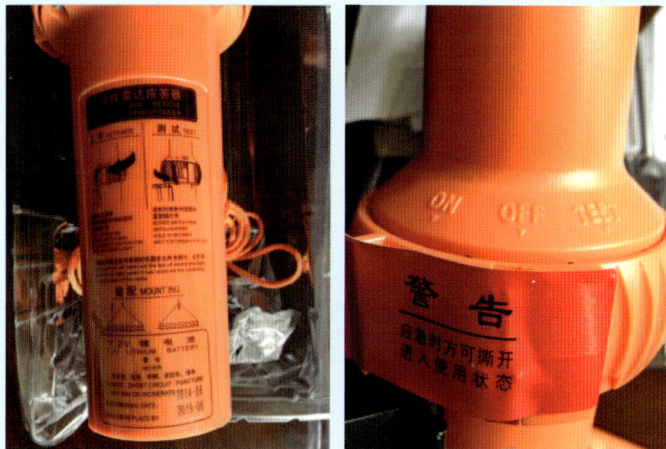

检查：

外观检查，确认其处于良好状态。

检查电池有效期。

在其他船舶上用9GHz雷达监控其响应。

 8.渔船用无线电话

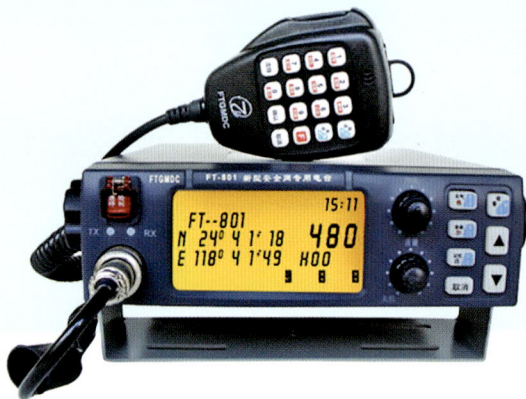

主视图

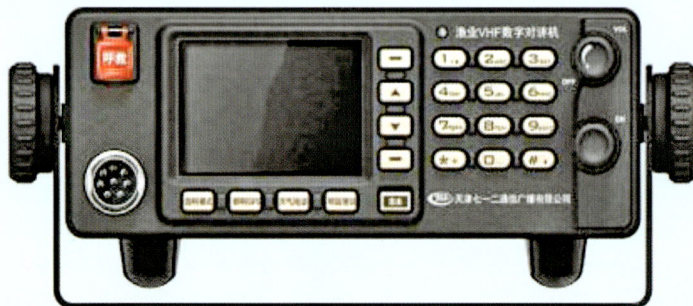

后视图

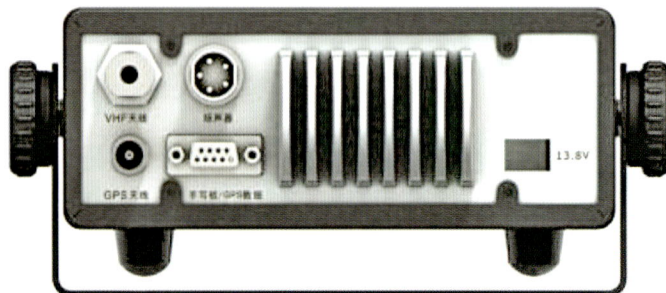

发射、接受正常。
频率范围：27.5 ～ 39.5MHz。
频道间隔：25kHz。
频道数目：480个。
调制方式：调频（16KOJ3E）。

正确要求如下：

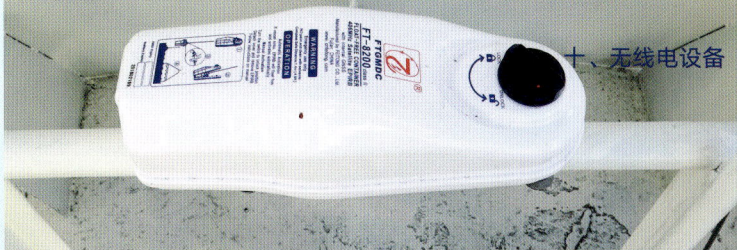

十、无线电设备

9.应急示位标和固定定位仪

❌ **错误**

应急示位标未固定安装或上方有遮挡物。

固定定位仪未安装或上方有遮挡物。

✅ **正确要求**

应急示位标在罗经甲板固定安装，上方无遮挡物。

固定定位仪在罗经甲板固定安装，上方无遮挡物。

十一、其他 ⚓

🚢 1.拖虾警示牌（温岭当地要求）

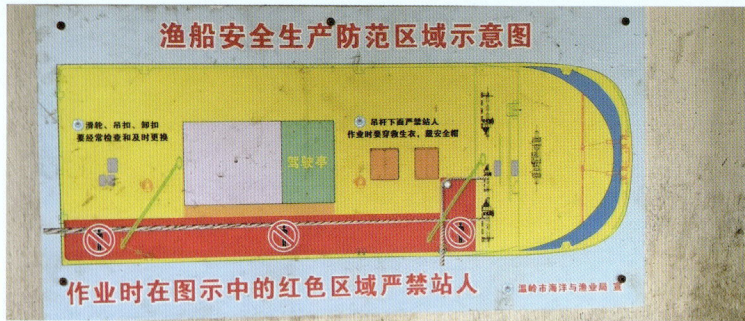

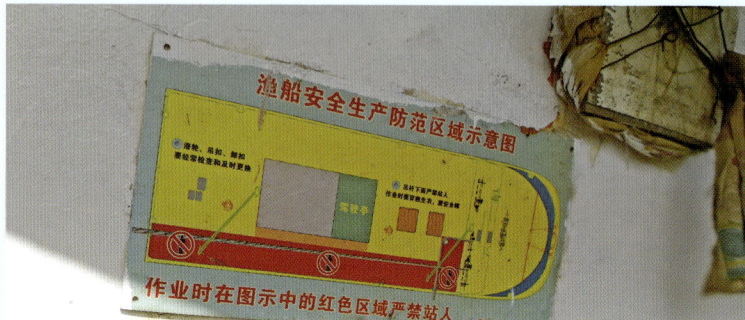

❌ **错误**
拖虾警示牌破损。
驾驶室外拖虾警示牌缺失。

✔️ **正确要求**
驾驶室内部需固定安装小拖虾警示牌。
驾驶室外部需固定安装大拖虾警示牌。

Text within images:
- 渔船安全生产防范区域示意图
- 作业时在图示中的红色区域严禁站人
- 温岭市海洋与渔业局 监制
- 驾驶亭
- 滑轮、吊扣、卸扣 要经常检查和及时更换
- 吊杆下面严禁站人 作业时须穿救生衣、戴安全帽

2.渔船暂养池

✔️ **正确要求**

渔船甲板上的暂养池以渔船设计图纸为准。如新增设暂养池，需重新计算稳性、更新图纸。

❌ **错误**

私自加装暂养池。

十二、渔船应急处置

1. 渔船应急部署表

渔船应急部署表

船名：＿＿＿＿＿＿　村（社）：＿＿＿＿＿＿

救生设备位置	消防设备位置
救生衣	手提式灭火器
救生圈	消防栓、水龙带
AIS遇险设备	应急消防泵
北斗设备	

AIS遇险报警　消防报警（短声连放1min）　弃船求生报警（七短声一长声，重复连放1min）　解除警报：（一长声）　人落水警报：（连续三长声）

船员编号	1	2	3	4	5	6	7	8	9
职务									
姓名									
位号									

弃船救生动作

弃船时任务	执行人	弃船时任务	执行人
发出遇险信号		关闭水密门、舱口、孔道、甲板开口	
携带船舶证书及重要文件		关闭有关机器、操纵遥控阀门和开关	
携带有关海图、航海日志、轮机日志、电台日志		携带食品、毛毯	

左舷		右舷	
位号	执行人	位号	执行人

放救生筏动作及任务

救生筏	执行人	救生筏	执行人
位号：持有救生名单，管理操纵设备		管理检查乘人员救生衣着装	
管理集合地点应急照明		抛投救生浮环、数助落水人员登筏	
松脱静水压力释器锁钩装置		解脱与船舶结连的拉索，使其脱离船舶	
救生筏自动滑入水中成型		管理海锚，控制救生筏漂流速度	
救生筏扶正			

救生部署　　　**船长**　　　**消防部署**

任务	执行人	集合地点
驾驶室		
位号：协助落水瞭望、管理烟火		
管理操纵设备		
管理瞭望设备、抛投带自亮灯的救生圈		
水手一：操舵，协助了望		

电台任务	执行人	集合地点
管理电台、通信设备		
协助船内外联系		
根据船长指示通知弃船集合地点		

消防队	执行人	集合地点
队长：现场指挥		
副队长：协助队长工作		
消防员：探火、抢险		
切断所有电源、关闭风机		
关闭防火门窗、舱口孔道、通风筒		
管理消防栓、水龙带		
携带灭火器		
隔离附近易燃物		
携带担架、急救药箱		

机舱	任务	执行人	集合地点
	现场指挥		
	管理操纵主机		
	管理操纵副机和应急发电机		
	切断有关电源		
	管理应急消防泵		

1. 应急部署表中的任务可以一人多职，也可一职多人。
2. 船长的接替人为大副，轮机长接替人为大管轮，驾驶员为替换人，轮机员互为替换人。
3. 航行途中发生落水时，驾驶室值班人员为船长，机舱固定人员为轮机长，值班轮机员。值班驾驶员，机舱固定人员为轮机员。
4. 消防、救生设备维护保养责任人分别为大副，大管轮，轮机长负责监督。

船长：＿＿＿＿＿＿　　　日期：＿＿＿＿＿＿

2.火灾

（1）船上发现起火立即报告船长，发现者边灭火边高呼救火；船长根据火种性质指挥采取有效的灭火措施。

（2）寻找火源，切断通往火位处的电源、油路，搬开易燃易爆物品。

（3）航行中发生火灾，首先降低航速，把火位置至于下风，在港内要远离船群，并采取措施封闭起火部位的通风口。

（4）根据燃烧物质选用消防器材：木材、棉花、网衣等物品着火时，用水、二氧化碳灭火器或泡沫灭火器扑救。油类起火时，用泡沫、干粉灭火器，也可用湿毛毯、棉被、沙子等扑灭，但不能用水救火。电气起火时，用二氧化碳、干粉灭火器扑救，在电源切断前不得用水或泡沫灭火剂灭火。灭火时，应站在上风处，不致烟呛、火烫，同时灭火器的粉、液不致伤及人身。

（5）援救失火船时，应在上风用船头顶靠施救，不可平行帮靠，以防火焰波及。

（6）一旦火势太大无法扑灭时，在保证人身安全的情况下，抢救贵重物品；若采取沉船时，应远离航道，清点人数，组织好船员离船，船长最后离船。

3. 船舶碰撞

（1）碰撞后，迅速检查碰撞部分损失程度。严重时应立即采取抢救措施，并将碰撞时间、地点、损坏情况、对方船名号、船籍港及碰撞经过详细记入航海日志。

（2）当本船无危险时应询问对方情况，他船需要协助抢救时，首先抢救遇难人员；对方失去操纵能力或有危险时，应就近护救到安全地点。

（3）确认双方无危险时，互换事故证明书，绝不允许发生事故后私自驶离。

（4）与外国船只发生碰撞时，除按上述要求处理外，应尽快报告渔港监督、边防及有关部门。

4.船舶搁浅或触礁

（1）立即显示搁浅信号，首先检查触碰部位，如漏水应先堵漏排水。

（2）确定船位，测出船舶周围水深、底质及观察周围情况，了解该处潮汐情况。

（3）经分析确认无危险且能安全脱险时，可间歇全速倒车，必要时调正装载或送锚脱险，绝不允许在未弄清情况下盲目倒车。

（4）脱险后如发现漏水严重，应就近抢救抢滩处理。

（5）自身力量不能脱险时，应发出求救信号。

5. 船员落水

（1）航行中发现有人落水，首先通知驾驶室停车，大舵角向落水人员一舷转头（切忌倒车），及时显示有人落水信号、声号。

（2）派专人瞭望，盯住落水人员位置，夜间用探照灯照射。

（3）迅速将救生圈投在落水人员上风处，防止打伤落水人员。

（4）救护人员一定要穿好救生衣，并放出足够长度的绳索。

6.风灾及货轮擦碰处置

渔船遇到大风或与货轮擦碰引起严重倾斜，即将沉没状态时应急处置：

（1）若时间和情况允许，应按海事处理须知的有关规定电告请示公司。

（2）用有效的声响器具发出求救信号。

（3）全体船员离船前穿好救生衣并携带国旗、船舶证书、重要文件、海图、双向无线电话、雷达应答器、紧急卫星示位标等到达指定集合地点。

（4）船长发出登艇弃船命令后，3min内将救生筏投入水中，全体船员弃船跳入水中爬上救生筏。

🚢 业务辐射范围图

省渔船交易中心

嵊泗
岱山
舟山市
定海
普陀
三门
临海
台州
椒江
路桥
温岭
乐清
玉环
温州
洞头
瑞安
平阳
苍南

长兴县
湖州
湖州市
安吉县
嘉兴市
平湖市
德清县
桐乡市
海宁市
杭州市
绍兴市
宁波市
余姚市
慈溪市
上虞市
嵊州市
新昌县
象山县
杭州市
淳安县
桐庐县
建德市
兰溪市
义乌市
东阳市
金华市
永康市
天台县
绍兴市
衢州市
开化县
常山县
龙游县
江山市
遂昌县
松阳县
云和县
青田县
丽水市
缙云县
武义县
仙居县
文成县
泰顺县
庆元县
龙泉市
景宁畲族自治县

交易受理点联系方式

地区	机构	姓名	电话	地址
舟山	舟山受理点	於敏	0580-2826213	定海区临城街道金岛路9号田螺峙商务大厦1001
	定海受理点	毛渊文	0580-2554180	定海区金平路31.33.35号
	普陀受理点	李奕瑶	0580-3059013	普陀区东海西路9号海洋渔业大楼
	岱山受理点	黄迪	0580-4480076	岱山县高亭镇洎鱼路2号
	嵊泗受理点	孔董娜	0580-5084240	嵊泗县菜园镇望海路243号海洋与渔业局4楼
	台州受理点			
台州	椒江受理点	屈俏信	0576-88909970	椒江区建设路16号
	路桥受理点			
	温岭受理点	林李芝	0576-86102092	温岭市城西街道九龙大道555号
	玉环受理点	路亚萍	0576-80763122	玉环县珠港镇坎门西头1号
	三门受理点	郑宇鸿	0576-83326339	三门县海游街道蟹山路13号农村农村局2号楼402
温州	临海受理点	张超	0577-85389907	临海市东方大道219号农林水大厦812
	苍南受理点	李纬	0577-59868013	苍南县灵溪镇华府新世界花园7幢103号
	平阳受理点	刘哲	0577-58113103	平阳县敖江镇江滨路68号4楼
	瑞安受理点	王青青	0577-66816572	瑞安市东山渔港码头东山渔业公司1楼
	乐清受理点	刘文胜	0577-61880316	乐清市柏东路888号C区3楼304
	洞头受理点	叶双凤	0577-63479958	洞头区通港路2号洞头中心渔港321室

渔船检验项目组系系方式

地区	机构	姓名	电话	地址
台州	台州站	涂昌剑	0576-81601816	温岭市松门镇滨海大道
温州	温州站	李挺	18958940966	苍南县灵溪镇车站大道513-515号
舟山	舟山站	徐丁立	0580-4790166	岱山县衢山镇人民路251号

渔业船员服务中心联系方式

地区	机构	姓名	电话	地址
舟山	船员服务中心	徐丁立	0580-4790166	岱山县衢山镇人民路251号

请扫码关注

您身边的渔业服务专家

地址：杭州西湖区天目山路 97 号浙江科贸大楼 11 楼

地址：温岭市松门镇滨海大道

杭州联系电话：0571-89916908

温岭联系电话：0576-81601653

图书在版编目（CIP）数据

渔船安全检验实用图册/浙江省海洋渔业船舶交易服务中心编；郑阿钦主编. —北京：中国农业出版社，2022.5

ISBN 978-7-109-29317-5

Ⅰ.①渔… Ⅱ.①浙…②郑… Ⅲ.①渔船－船舶安全－船舶检验－图集 Ⅳ.①U692.7-64

中国版本图书馆CIP数据核字（2022）第059395号

中国农业出版社出版

地址：北京市朝阳区麦子店街18号楼
邮编：100125
责任编辑：杨晓改　郑　珂　文字编辑：耿韶磊
版式设计：杜　然　责任校对：刘丽香
印刷：北京通州皇家印刷厂
版次：2022年5月第1版
印次：2022年5月北京第1次印刷
发行：新华书店北京发行所
开本：700mm×1000mm　1/16
印张：7.75
字数：200千字
定价：90.00元